Aymen Hassine

La réalisation d'un API à base d'un microcontrôleur

Aymen Hassine

La réalisation d'un API à base d'un microcontrôleur

Éditions universitaires européennes

Impressum / Mentions légales
Bibliografische Information der Deutschen Nationalbibliothek: Die Deutsche Nationalbibliothek verzeichnet diese Publikation in der Deutschen Nationalbibliografie; detaillierte bibliografische Daten sind im Internet über http://dnb.d-nb.de abrufbar.
Alle in diesem Buch genannten Marken und Produktnamen unterliegen warenzeichen-, marken- oder patentrechtlichem Schutz bzw. sind Warenzeichen oder eingetragene Warenzeichen der jeweiligen Inhaber. Die Wiedergabe von Marken, Produktnamen, Gebrauchsnamen, Handelsnamen, Warenbezeichnungen u.s.w. in diesem Werk berechtigt auch ohne besondere Kennzeichnung nicht zu der Annahme, dass solche Namen im Sinne der Warenzeichen- und Markenschutzgesetzgebung als frei zu betrachten wären und daher von jedermann benutzt werden dürften.

Information bibliographique publiée par la Deutsche Nationalbibliothek: La Deutsche Nationalbibliothek inscrit cette publication à la Deutsche Nationalbibliografie; des données bibliographiques détaillées sont disponibles sur internet à l'adresse http://dnb.d-nb.de.
Toutes marques et noms de produits mentionnés dans ce livre demeurent sous la protection des marques, des marques déposées et des brevets, et sont des marques ou des marques déposées de leurs détenteurs respectifs. L'utilisation des marques, noms de produits, noms communs, noms commerciaux, descriptions de produits, etc, même sans qu'ils soient mentionnés de façon particulière dans ce livre ne signifie en aucune façon que ces noms peuvent être utilisés sans restriction à l'égard de la législation pour la protection des marques et des marques déposées et pourraient donc être utilisés par quiconque.

Coverbild / Photo de couverture: www.ingimage.com

Verlag / Editeur:
Éditions universitaires européennes
ist ein Imprint der / est une marque déposée de
OmniScriptum GmbH & Co. KG
Heinrich-Böcking-Str. 6-8, 66121 Saarbrücken, Deutschland / Allemagne
Email: info@editions-ue.com

Herstellung: siehe letzte Seite /
Impression: voir la dernière page
ISBN: 978-3-8417-4597-2

Copyright / Droit d'auteur © 2015 OmniScriptum GmbH & Co. KG
Alle Rechte vorbehalten. / Tous droits réservés. Saarbrücken 2015

Hassine aymen

« Contribution à l'étude et la réalisation d'un API à base d'un microcontrôleur »

L'automate programmable industriel API est aujourd'hui le constituant le plus répandu pour réaliser des automatismes. Nous le trouver pratiquement dans tous les secteurs de l'industrie car il répond à des besoins d'adaptation et de flexibilité pour un grand nombre d'opérations. Cette émergence est due en grande partie, à la puissance de son environnement de développement et aux larges possibilités d'interconnexions.

Actuellement, la tendance est dirigée vers l'amélioration et l'adaptation des API selon les besoins industriels, tout en considérant les contraintes économiques. Dans ce cadre, nous avons contribué tout au long de ce projet à l'étude et la réalisation d'un API compact à base d'un microcontrôleur permettant de profiter des avantages des automates programmables tout en optimisant le maximum le cout de cette solution. En plus de PLC ENIM 2010, il nous a été confié d'enrichir ce travail par la proposition d'un système didactique de travaux pratique qui se repose sur la réalisation d'une maquette didactique et la préparation d'un manuel d'utilisation de STEP 7, AUTOMGEN et LD-micro qui permettent la simulation du programme sans faire appel à l'automate elle-même.

Dédicaces

Je dédie ce travail...

A mes parents,

Pour votre amour, pour votre patience et votre
générosité,

Pour tous les efforts que vous avez consentis en
ma faveur,

Je vous dédie ce travail en témoignage de ma
grande reconnaissance et mon éternel amour.
Que dieu vous donne longue vie et bonne santé.

A mes frères et ma sœur,

A toutes ma famille,

Et à tous mes amis,

AYMEN.

REMERCIEMENTS

Je tiens tout d'abord à exprimer mes vifs remerciements à Monsieur Abdellatif MTIBAA pour avoir accepté de m'encadrer, pour le temps et l'attention qu'il m'a consacrés ainsi que pour les judicieux conseils qu'il m'a donnés. Leurs encouragements, leur disponibilité et leurs conseils ont joué un rôle déterminant dans l'obtention des résultats présentés ici. Grâce à lui ce travail s'est déroulé dans l'excellence conditions et dans la bonne humeur. Qu'il trouve ici l'expression de ma profonde gratitude et mes remerciements les plus sincères.

Je remercie vivement Mr. Mohamed Najib MANSOURI pour m'avoir fait l'honneur de présider le jury de ce projet.

Avec beaucoup d'égard, je ne manque pas de remercier également Mr. Anis SAKLY pour sa participation au tant que membre de jury.

Enfin, je me fais aussi un devoir de remercier tous les personnels administratifs et technique du département Génie Electrique de l'ENIM et j'adresse tous mes meilleurs vœux de réussite et de bonheur à tous ceux qui m'ont aidé à réussir mon travai

Sommaire

Liste des abréviations

A

      ADC: Analog to Digital Converter.

      ASI: Actuator Sensor Interface.

      ASICS: Application Specific Integrated Circuit.

      API: Automate Programmable industriel.

      AUSART: Adressable Universal Synchronous Asynchronous Receiver Transmitter.

C

      CONT: Le langage à base de schémas de contacts.

      CTN: Coefficient de Température Négatif.

      CTP: Coefficient de Température Positif.

      CPU: Central Processing Unit.

E

      EEPROM: Electrically Erasable Programmable Read Only Memory.

F

      FB: Bloc de fonction.

      FC: Fonction.

H

      HMI: Human Machine Interface.

I

      IHM: Interface Homme   Machine.

L

      LD: LADDER.

      LDR: Light Dependent Resistor = résistance dépendant de la lumière.

      LOG:Le langage à base de logigramme.

      LIST:Le langage de liste d'instructions.

M

    MPI: Multi Point Interface.

O

    OB: Bloc d'organisation.

P

    PCMCI: *Personal Computer Memory Card International association.*

    PIC: Programmable interrupt controler = contrôleur d'interruption programmable.

    PLC: Programmable *Logic Controller.*

    PG: La console de programmation sur le terrain.

    PROM: Programmable Read Only Memory.

    PROFIBUS: Process Field Bus.

    PS: Gamme des alimentations stabilisées de Siemens.

    PWM: *Pulse Width Modulation.*

S

    SCADA: *Supervisory Control and Data Acquisition.*

    SIMATIC: Siemens Automatic

    S7: Step 7.

T

    TTL: Transistor-*Transistor Logic.*

R

    RAM: Random Access Memory.

    ROM: Programmable Read Only Memory.

S

    SFB: Bloc de fonction spécial.

    SFC : Bloc programme pour le langage évolué textuel.

V

    VAT:La table de variable dans SIMATIC MANAGER.

U

    UC: Microcontrôleur.

    UP: Microprocesseur.

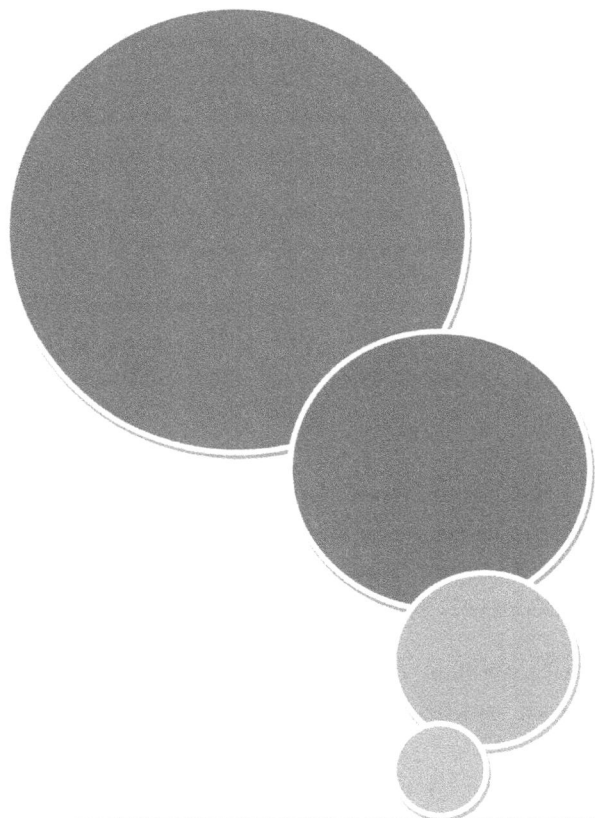

INTRODUCTION GÉNÉRALE

INTRODUCTION GÉNÉRALE

L'automate programmable industriel API est aujourd'hui le constituant le plus répandu pour réaliser des automatismes. Nous le trouver pratiquement dans tous les secteurs de l'industrie car il répond à des besoins d'adaptation et de flexibilité pour un grand nombre d'opérations. Cette émergence est due en grande partie, à la puissance de son environnement de développement et aux larges possibilités d'interconnexions.

Actuellement, la tendance est dirigée vers l'amélioration et l'adaptation des API selon les besoins industriels, tout en considérant les contraintes économiques.

Dans ce cadre, nous avons contribué tout au long de ce projet à l'étude et la réalisation d'un API compact (PLC ENIM 2010) à base d'un microcontrôleur permettant de profiter des avantages des automates programmables tout en optimisant le maximum le cout de cette solution.

En plus de PLC ENIM 2010, il nous a été confié d'enrichir ce travail par la proposition d'un système didactique de travaux pratique qui se repose sur la réalisation d'une maquette didactique et la préparation d'un manuel d'utilisation de STEP 7, AUTOMGEN et LD-micro qui permettent la simulation du programme sans faire appel à l'automate elle-même.

Le présent travail regroupe trois chapitres structurés de la manière suivante :
- Dans le premier chapitre, nous donnerons une aperçue générale sur les automates programmable industriels (API).
- Dans le deuxième chapitre, nous présenterons une Automate programmable ''PLC ENIM 2010'' tout en explicitant la partie électronique, et en terminer avec une simulation d'une maquette ''Ascenseur''.
- Dans le dernier chapitre, nous présenterons les Automates programmables siemens en donnant une aperçue sur l'aspect matériel et avec plus d'approfondissement de l'environnement logiciel.

CHAPITRE I

GÉNÉRALITÉ SUR LES API

CHAPITRE I

1- Historique

Les automates programmables industriels sont apparus à la fin des années soixante aux Etats Unis, à la demande de l'industrie automobile américaine (General Motors en leader), qui réclamait plus d'adaptabilité de ses systèmes de commande. Ce n'est qu'en 1971 qu'ils firent leur apparition en France.

Les années soixante-dix connaissent une explosion des besoins industriels dans le domaine de l'automatique, de la flexibilité et l'évolutivité des Systèmes Automatisés de Production (SAP).

2- Définition générale

L'automate programmable industriel A.P.I ou Programmable Logic Controller PLC est un appareil électronique programmable. Il est défini suivant la norme française EN-61131-1 [1], adapté à l'environnement industriel, et réalise des fonctions d'automatisme pour assurer la commande de préactionneurs et d'actionneurs à partir d'informations logiques, analogiques ou numériques. On le trouve non seulement dans tous les secteurs de l'industrie, mais aussi dans les services et dans l'agriculture. La force principale d'un automate programmable industriel API réside dans sa grande capacité de communication avec l'environnement industriel. Outre son unité centrale et son alimentation, il est constitué essentiellement de modules d'entrées/sorties, qui lui servent d'interface de communication avec le processus industriel de conduite.

Ses rôles principaux dans un processus sont :

+ assurer l'acquisition de l'information fournie par les capteurs ;
+ faire le traitement ;
+ Élaborer la commande des actionneurs ;
+ Assurer également la communication pour l'échange d'informations avec l'environnement.

3- Rôle d'un automate

Le rôle d'un automate est de réagir aux changements d'état de ses entrées en modifiant l'état de ses sorties selon une loi de contrôle déterminée à priori.

On distingue :

+ Programme combinatoire : à chaque instant les sorties sont déterminées uniquement par les entrées

(pas d'effet mémoire).

+ Programme séquentiel : les sorties sont déterminées par les entrées, un nombre finis de variables Logiques internes tenant compte de l'évolution du système.

4- Architecture des automates programmables industriels

De la forme compacte ou modulaire, les automates sont organisés suivant l'architecture suivante :

+ Un module d'unité centrale ou CPU, qui assure le traitement de l'information et la gestion de l'ensemble des unités. Ce module comporte un microprocesseur, des circuits périphériques de gestion des entrées/sorties, des mémoires RAM et EEPROM nécessaire pour stocker les programmes, les données, et les paramètres de configuration du système.

+ Un module d'alimentation qui fournit les tensions continues + /- 5V, +/-12V ou +/-15V à partir d'une tension 220V/50Hz ou dans certains cas de 24V.

+ Un ou plusieurs modules d'entrées 'Tout ou Rien' ou analogiques pour l'acquisition des informations provenant de la partie opérative (procède a conduire).

+ Un ou plusieurs modules de sorties 'Tout ou Rien' (TOR) ou analogiques pour transmettre à la partie opérative les signaux de commande. Il y a des modules qui intègrent en même temps des entrées et des sorties [1].

+ Un ou plusieurs modules de communication comprenant :

  ✓ Interfaces série utilisant dans la plupart des cas comme support de communication ;

  les liaisons RS-232 ou RS422/RS485.

  ✓ Interfaces pour assurer l'accès à un bus de terrain.

  ✓ Interface d'accès à un réseau Ethernet.

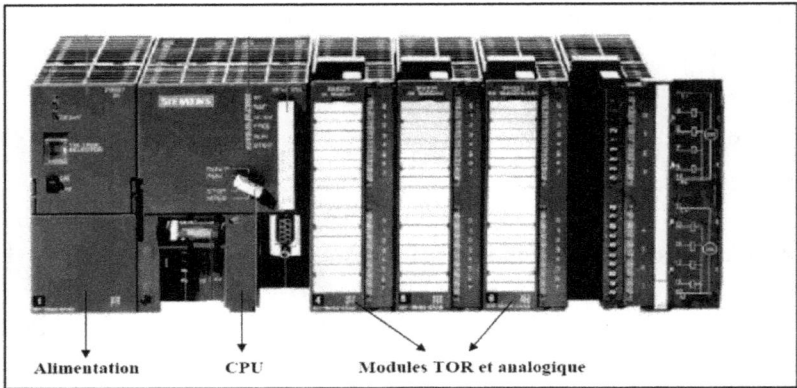

Figure I.1: Un API

5- Structure interne des automates programmables

La structure matérielle interne d'un API obéit au schéma donné sur la figure ci-dessous ;

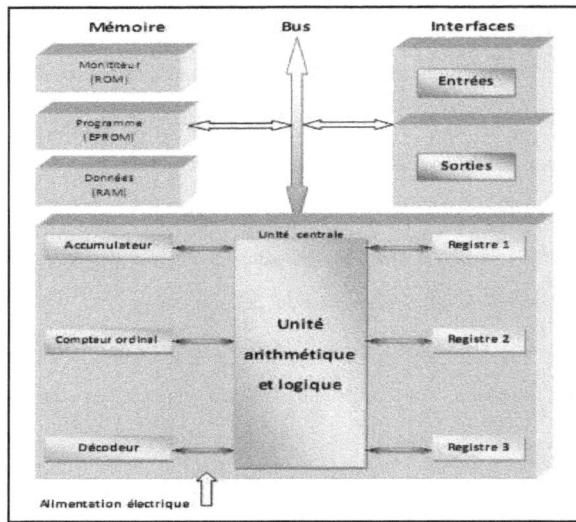

Figure I.2 : Structure matérielle interne d'un API[1]

Détaillons successivement chacun des composants qui apparaissent sur ce schéma.

5-1- Le processeur

Il Constitue le cœur de l'appareil dans l'unité centrale. En fait, un processeur devant être automatisé, se subdivise en une multitude de domaine et processeurs partiels plus petits, liés les uns aux autres.

5-2- Les modules d'entrées/sorties

Ils assurent le rôle d'interface entre la CPU et le processus, en récupérant les informations sur l'état de ce dernier et en coordonnant les actions.

Plusieurs types de modules sont disponibles sur le marché selon l'utilisation souhaitée :

- Modules TOR : l'information traitée ne peut prendre que deux états (vrai/faux, 0 ou 1 …) C'est le type d'information délivrée par une cellule photoélectrique, un bouton poussoir …etc.
- Modules analogiques : l'information traitée est continue et prend une valeur qui évolue dans une plage bien déterminée. C'est le type d'information délivrée par un capteur (débit, niveau, pression, température…etc.).
- Modules spécialisés : l'information traitée est contenue dans des mots codes sous forme binaire ou bien hexadécimale. C'est le type d'information délivrée par un ordinateur ou un module intelligent.

5-3- Les mémoires

Un système de processeur est accompagné par un ou plusieurs types de mémoires qui permettent de stocker :

- Le système d'exploitation dans des ROM ou PROM.
- Le programme dans des EEPROM.
- Les données système lors du fonctionnement dans des RAM. Cette dernière est généralement Secourue par pile ou batterie.

On peut, en règle générale, augmenter la capacité mémoire par adjonction de barrettes mémoires type PCMCIA.

5-4- L'alimentation

Elle assure la distribution d'énergie aux différents modules. L'automate est alimenté généralement par le réseau monophasé 230V-50 Hz mais d'autres alimentations sont possible (110V …etc.).

5-5- Liaisons de communication

Elles permettent la communication de l'ensemble des blocs de l'automate et des éventuelles extensions.

Les liaisons s'effectuent avec :

- l'extérieur : par des bornes sur lesquels arrivent des câbles transportant le signal électrique.
- l'intérieur : par des bus reliant divers éléments, afin d'échanger des données, des états et des adresses.

6- Types d'automate programmable

- Automate programmable compact : c'est un appareil complet, prêt à être utilisé, sur lequel on ne peut rien ajouter ; la console est intégrée au châssis, les entrées et les sorties sont en tout-ou-rien (TOR) ; il convient pour les petites applications.
- Automate programmable multi bloc : c'est un appareil sur lequel peuvent être ajoutés, selon les besoins et dans une certaine limite, des blocs d'entrées TOR ou analogiques, des blocs de sorties TOR ou analogiques, ... ; il convient pour les applications évolutives.
- Automate programmable modulaire : c'est un automate dont la configuration de base comporte la carte d'alimentation et la carte d'unité de traitement ainsi que la mémoire ; on complète selon le besoins de la machine automatisé en ajoutant une ou plusieurs cartes d'entrées TOR ou analogiques, une ou plusieurs cartes de sorties TOR ou analogiques, des cartes spécialisées…

Ces automates programmables conviennent pour les installations évolutives ; ils peuvent fonctionner en réseau et échanger ainsi des messages entre eux, avec des systèmes de supervision ou encore avec des ordinateurs de gestion de production.

7- Avantages et inconvénients des API

Utiliser un automate pour gérer sa culture offre beaucoup de possibilités, mais cela impose quelques contraintes et nécessite certaines compétences.

Les avantages :

- Un automate peut s'adapter à n'importe quel type de matériel et de configuration de culture.
- Il peut évoluer en fonction de vos besoins.

- Possibilité de planifier des changements de paramètres de culture (passage en 12/12, rinçage, …)
- Selon le degré d'automatisation de l'installation, on obtient un contrôle quasi total des conditions de culture.
- Grace à la supervision, il est possible d'afficher les variations de T°C, pH, … sous forme de graphiques.
- Possibilité de surveiller et de piloter son installation à distance via internet.

Les inconvénients :

- L'installation électrique est plus complexe, il faut avoir quelques bases en électricité pour installer correctement un automate.
- La facture peut monter très vite, surtout quand on veut utiliser des capteurs ou des commandes analogiques.
- La maintenance d'un système automatisé demande du temps et de la rigueur, et plus le système sera évolué, plus il demandera d'attention (nettoyage des sondes, étalonnages, test périodiques …).

8- Programmation sur API

C'est une des atouts majeurs des API puisqu'elle permet une multitude de traitements des informations reçues sans toucher la configuration matérielle. Certaines modifications peuvent même s'effectuer alors que l'automate est en marche. Il faut toutefois comprendre le fonctionnement du processeur, qui impose certaines contraintes et choisir le langage le plus approprie dans le cadre du problème à résoudre.

8-1- Déroulement du programme

Il doit assurer en permanence un cycle opératoire qui comporte trois types de taches :
- l'acquisition de la valeur des entrées (lecture).
- le traitement des données.
- l'affectation de la valeur des sorties (écriture).

8-2- logiciel de programmation

Chaque automate possède son propre langage. Mais par contre, les constructeurs proposent tous une interface logicielle répondant à la norme CEI 11313 [1]. Cette norme définit cinq langages de programmation utilisables, qui sont :

- GRAFCET ou SFC : ce langage de programmation de haut niveau permet la programmation aisée de tous les procédés séquentiels.
- Schéma par blocs ou FBD : ce langage permet de programmer graphiquement à l'aide de blocs, représentant des variables, des opérateurs ou des fonctions. Il permet de manipuler tous les types de variables.
- Schéma à relais ou LD : ce langage graphique est essentiellement dédié à la programmation d'équations booléennes (vraie / faux).
- Texte structuré ou ST : ce langage est un langage textuel de haut niveau. Il permet la programmation de tout type d'algorithme plus ou moins complexe.
- Liste d'instruction ou IL : ce langage textuel de bas niveau est un langage à une instruction par ligne. Il peut être comparé au langage assembleur.

Pour programmer l'automate, l'automaticien peut utiliser :
- Une console de programmation ayant pour avantage la portabilité.
- Un PC avec lequel la programmation est plus conviviale, communiquant avec l'automate par les biais d'une liaison série RS232 ou RS485 ou d'un réseau de terrain.

9- Critères de choix d'un automate programmable

Pour choisir un automate programmable, on doit se poser les questions suivantes :
- Quel est le nombre d'entrées et des sorties nécessaires (tout-ou-rien et analogiques)?
- Quelles sont la nature et la valeur des tensions alimentant les préactionneurs pilotés par les sorties ?
- Quel est le nombre de fonctions spéciales nécessaires (temporisateur, compteur…) ?
- A-t-on besoin de cartes spécialisées ?
- L'automate fonctionnera-t-il seul ou en réseau ?

De plus le choix peut éventuellement se faire en fonction des automates programmables déjà installés dans l'entreprise (facilité d'adaptation du personnel) et des extensions prévisibles.[3]

10- Mode de cablâge des API :

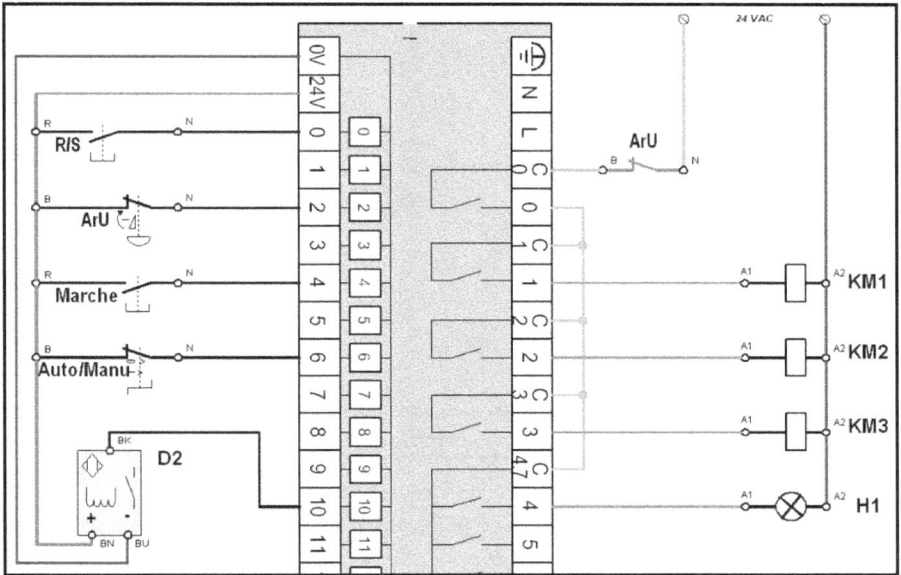

Figure I.3 : Raccordement d'un API

10-1- Raccordement des Entrées

L'alimentation nécessaire aux entrées est généralement fournie par l'automate programmable ; un seul commun d'entrée est sorti par automate ou par carte.

10-2- Raccordement des Sorties

Assimilable à un contact (même si ce n'est pas toujours le cas) qui sert à fermer le circuit d'alimentation du récepteur (actionneur ou pré-actionneur). Une alimentation extérieure est donc nécessaire ; la valeur et la nature de celle-ci seront fonction du récepteur. Un commun par sortie, par groupe de sorties ou par carte, est disponible ce qui permet d'avoir des récepteurs de valeur et de nature de tensions différentes sur le même automate.

11- Supervision et Interface Homme Machine (IHM)

Suite à l'automatisation industrielle, l'opérateur humain a été contraint de conduire ou de

Superviser des machines automatisées, en réduisant les prises d'information et les actions directes sur le processus, ce qui conduit à l'élaboration d'interface d'interaction Homme/Machine, flexible et aussi lisible pour un simple opérateur. Le dialogue est d'autant plus facilité que l'écran comporte des images avec des synoptiques, des graphes…etc.

12- Architecture de l'API nouvelle génération

12-1- Architecture classique

L'architecture classique des automates comporte un seul microprocesseur qui devra se charger pour la gestion des différents modules de l'automate en plus de son propre traitement (exécuter du cycle grafcet).

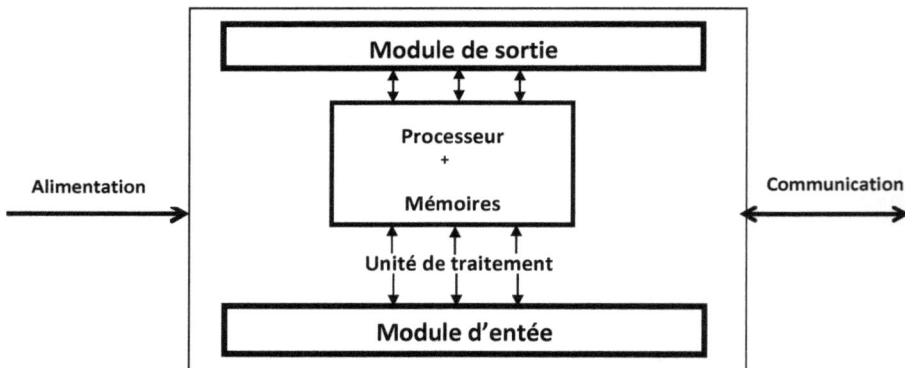

Figure I.4 : architecture classique des API

12-2- Modules intelligents :

Les bus terrain [4]:
Pour diminuer les couts de câblage des entrées/sorties des automates (systèmes étendus), sont apparus les bus de terrains.

➔ **Avant :**
Les capteurs / préactionneurs distants impliquaient de grandes longueurs de câbles.

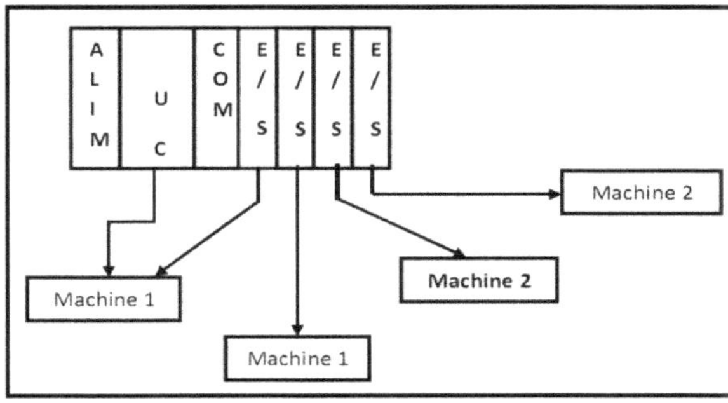

Figure I.5 : Communication classique avec l'automate [4]

➔ **1ère évolution :**

Les interfaces d'entrées/sorties sont déportées au plus près des capteurs.

Avec l'avènement des ASICs, les capteurs, détecteurs sont devenus "intelligents" et ont permis de se connecter directement au bus (médium).

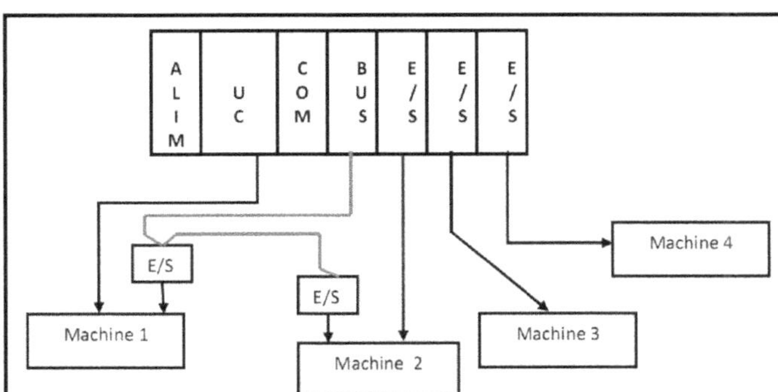

Figure I.6 : 1ère évolution de module intelligent [4]

➔ **Aujourd'hui :**

Les capteurs et les préactionneurs " intelligents" (IHM, variateurs, distributeurs,…) permettent la connexion directe au bus.

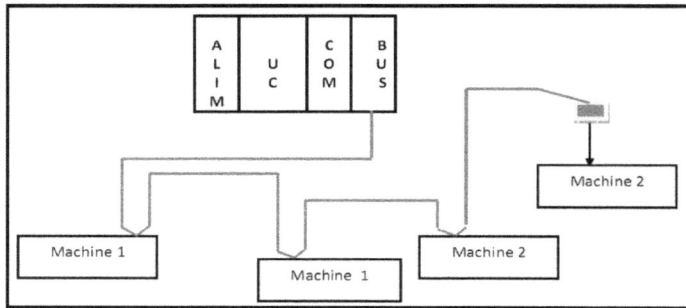

Figure I.7 : Modules intelligents actuels [4]

Exemple :

Le bus ASi (Actuators Sensors interface) est un bus de capteurs/actionneurs de type Maitre/Esclave qui permet de raccorder 31 esclaves (capteurs ou pré actionneurs) sur un câble spécifique (deux fils) transparent les données el la puissance. Ce bus est totalement standardisé et permet d'utiliser des technologies de plusieurs constructeurs (interopérabilité).

L'automate est pour cela doté d'un coupleur ASi.

Avantages des bus de terrain :

⊣ Réduction des couts de câblage et possibilité de réutiliser le matériel existant.

⊣ Réduction des couts de maintenance.

⊣ Possibilités de communication.

Inconvénients des bus de terrain :

⊣ Taille du réseau limité.

⊣ Adaptabilité aux applications à temps critique.

⊣ Cout global.

Autres bus de terrain : Batibus (norme EIB), Interbus-S, CANopen…

12-3- Processeurs pour modules intelligents

Le traitement demandé à un module intelligent dépend essentiellement de la grandeur d'entrée ou de sortie qu'il a surveillée.

Pour les modules d'entrées, la tache la plus élémentaire consiste à scruter un certain nombre d'entrées logiques (TOR) et à préparer une information d'état (changement d'état) pour le processeur central. Parmi les entées complexes, il faut surveiller des températures

(PT100, thermocouples,…) ou alors contrôler en temps réel la vitesse d'un moteur ou autre.

Pour les modules de sorties aussi on peut aller de la simple commande (TOR) à la commande temps réel de la vitesse d'un moteur d'extrudeuse par exemple. Les constructeurs de processeurs (UC, UP, DSP …) se sont adaptés à ce nouveau marché et nous proposent actuellement tout un ensemble des composants très performant au niveau vitesse de traitement et à complexité variable selon les périphériques de traitement souhaités. La stratégie adopté par microchip nous semble être le meilleur actuellement puisque tout de même processeur 8 bits, il a bâti tout un ensemble des composants allant du simple module d'entrée/sortie à l'asservissement temps réel des moteurs triphasés.

Un design très particulier a été adopté dans tous les processeurs au niveau de la liaison série pour la rendre compatible avec la plupart des bus à spécification industrielle.

12-4- Le noyau temps réel

Le noyau temps réel au démarrage charge une zone de configuration depuis sa mémoire FRAM pour initialiser les variables d'exécutions, lui indiquant le nombre d'entrées, le nombre des sorties et le nombre des tempos et leurs durées.

Des routines de base s'exécutants en tâches d'interruptions permettent la mise à jours automatique des variables d'entrées, une autre tâche permet la gestion automatique des tempos (déclenchement et positionnement des flags).

En plus de ce noyau qui s'exécute en temps réel, l'interprétateur de grafcet lit une ligne de grafcet compilé (depuis la FRAM) et attend la réceptivité pour activer les sorties correspondantes.

13- Conclusion

Dans le premier chapitre, nous avons présenté les caractéristiques générales et les spécificités des automates programmables industriels (API) en donnant un aperçu sur le développement énormes caractérisant les API, ces dernières années.

CHAPITRE II

CONCEPTION ET RÉALISATION D'UN API À BASE D'UN MICROCONTRÖLEUR

CHAPITRE II

1-Introduction

Après plusieurs années de travail avec des API commerciaux provenant de différents fabricants qu'OMRON, SIEMENS, Eberly et Bosch. Dans mon Projet de fin d'étude j'ai décidé de concevoir un PLC, qui doit répondre aux principes suivants :

- Langage de programmation compatible avec la norme et peut soutenir tous les types des instructions.

- La mémoire de l'automate devra être non-volatile pour maintenir le programme lors d'une coupure de courant.

- Les composants matériels doivent être bien choisie, fonctionnels et faciles à localiser lors d'une panne.

2- Synoptique

Un système automatique est constitué d'une partie commande (un automate dans notre cas) et d'une partie opérative (le système à automatiser). Des actionneurs (moteurs, lampes, vérins ...), permettent à la partie commande de faire évoluer l'état de la partie opérative. En retour des capteurs l'informent de l'état du système.

Dans notre cas, l'API pilote le système avec ses sorties qui commandent les actionneurs en fonction de l'état des capteurs et du graphcet.

La figure suivante montre les différentes entités :

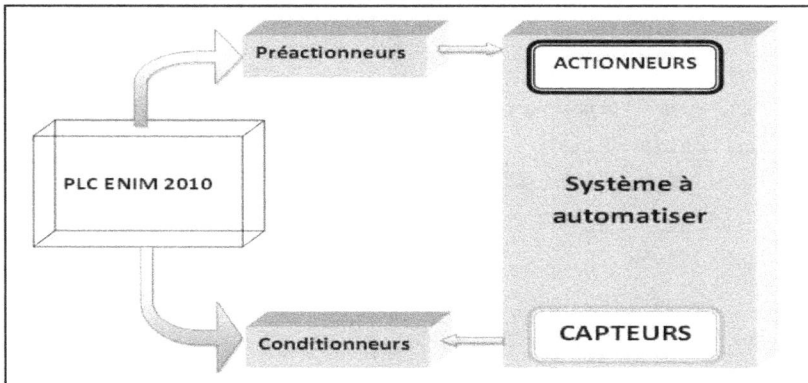

Figure II. 1 : Différentes entités du système automatisé

Mon automate est également capable de gérer des capteurs analogiques, d'utiliser l'horodateur intégré et des compteurs.

Le principe d'utilisation est le suivant : on construit le graphcet de commande sur le PC, puis on le transfert dans l'automate qui l'exécute.

Cette réalisation peut se diviser en 3 grandes parties qui sont :

+ la partie électronique
+ La partie informatique au niveau de l'UC de l'automate encore connu sous le nom de firmware ou d'interpréteur.
+ La partie informatique au niveau du PC, c'est-à-dire le logiciel utilisateur.

2-1- La partie électronique

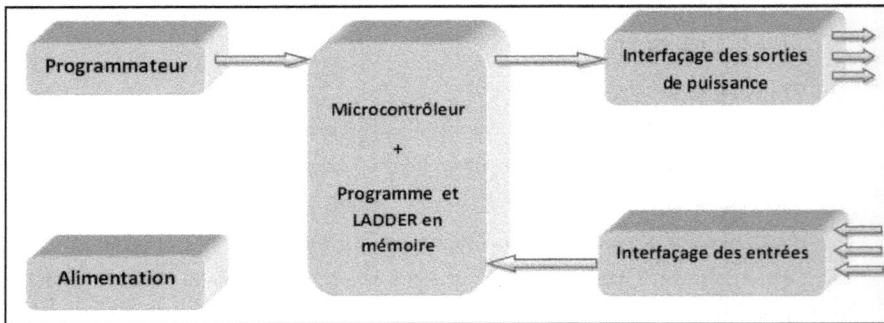

Figure II. 2 : Organisation électronique de l'API

Du point de vue électronique l'automate se décompose en 5 sous-ensembles :

+ Le microcontrôleur cœur du montage qui grâce à un programme exécute le grafcet qui est dans sa mémoire.
+ Le programmateur ou adaptateur RS232, permet de dialoguer avec la PC pour transférer le grafcet et observer l'API.
+ L'alimentation
+ Le système d'interfaçage d'entrée (ici 10 ou 15 entrées)
+ Le système d'interfaçage de sortie (ici 8 ou 14 sorties)

2-2- La partie informatique au niveau du PC

Coté PC, un programme se charge de tout : « L'éditeur, compilateur chargeur, débogueur de grafcet ».

23

Ce programme du nom LD-micro permet de :

↓ Créer un schéma à contact et de le transformer en représentation textuelle hexadécimal.

↓ Transférer la représentation textuelle dans la mémoire FLASH d'UC.

2-3- La partie informatique au niveau de UC

Coté UC, c'est un programme appelé « **interpréteur de grafcet** » **ou** « **firmware** » qui gère l'automate en exécutant le schéma à relais (LADDER) et en mettant à jour les entrées, sorties, variables internes (temporisations...). Il est également capable de dialoguer avec le PC grâce au boot loader/moniteur intégré.

3- Etude de la partie électronique

Mon but était de rendre la partie électronique simple à réaliser. Je détaille la réalisation d'un automate avec 7 entrées et 7 sorties. Il est également possible de réaliser une version avec 15 entrées et 14 sorties.

3-1- CPU

3-1-1- CPU 16F876/16F873

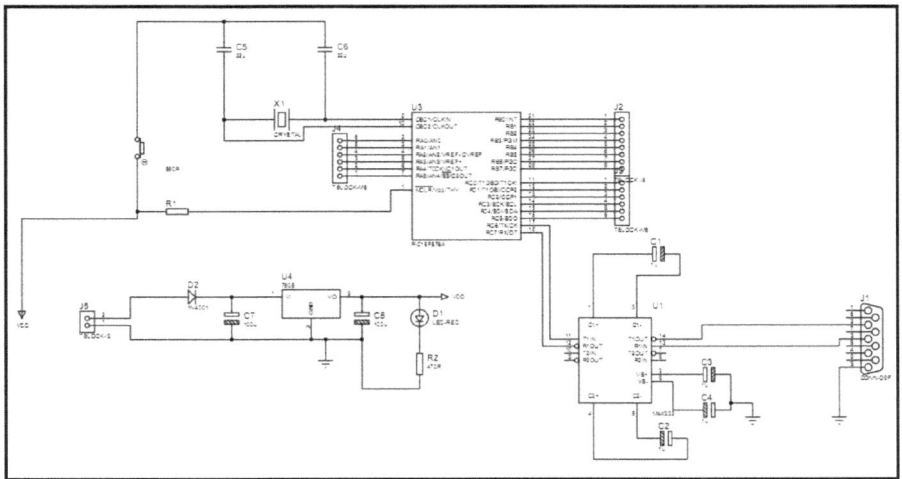

Figure II. 3 : CPU 16F876

3-1-2- CPU 16F877/16F874

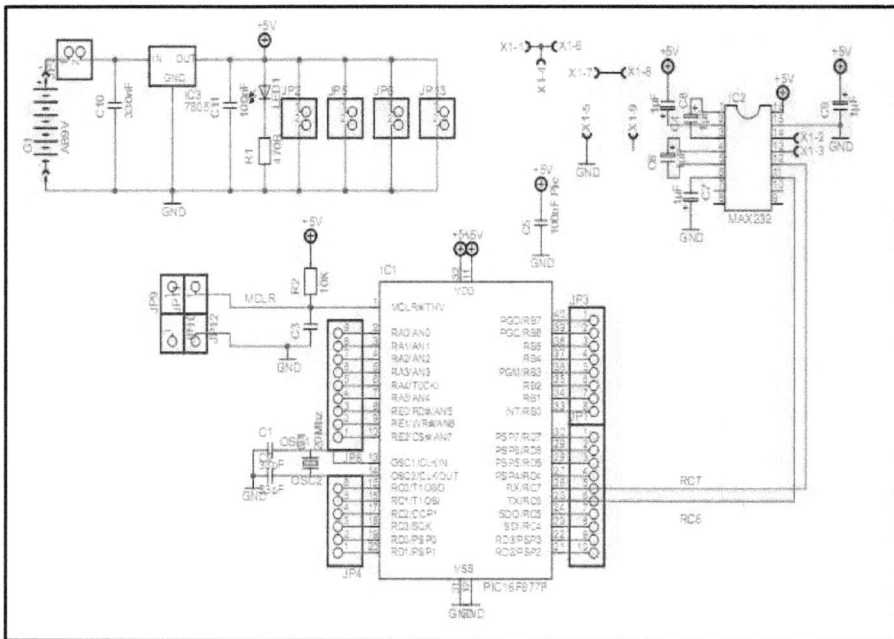

Figure II. 4 : CPU 16F877

Le microcontrôleur est le cœur du montage. Il est chargé d'interpréter le schéma LADDER chargé dans sa mémoire. Il est possible d'utiliser indifféremment les PIC16f873 ou 876 pour l'automate 10E/8S. Les différences entre ces UC, concernent uniquement la taille des différentes mémoires. Les PIC 16f874 et 877 sont les équivalents des UC précédents mais avec 15 E/ 14 S.

J'ai choisi ces UC pour les raisons suivantes :

Ils disposent d'une mémoire flash pour stocker le programme (donc il est possible de les reprogrammer en cas de bug ou d'évolution). La mémoire flash peut être programmée par le programme lui-même, ce qui est très pratique pour transférer le schéma LADDER.

+ La mémoire RAM est de taille suffisante (tout juste)

+ Ils disposent d'un port série, d'un convertisseur analogique numérique et de timers.

+ Ces UC se trouvent partout et sont peu coûteux

+ Enfin ces UC sont un vrai plaisir à programmer en assembleur, grafcet et LADDER.

3-1-3- Définition

UC : Un microcontrôleur est un composant qui regroupe au sein d'une puce, un véritable petit ordinateur, il comprend :

- un microprocesseur
- différentes mémoires pour les données et les instructions
- des périphériques (dont des ports d'entrée/sortie E/S, des convertisseurs analogique/numérique pour mesurer des tensions, des compteurs/temporisateurs, un port série …)

FLASH/EEPROM : Mémoires qui conservent les données même lorsque l'alimentation est coupée. Elles sont donc bien adaptées pour stocker un programme ou des constantes. Ces mémoires ont des caractéristiques différentes telles la densité, et l'endurance.

RAM : Mémoire volatile qui perd son contenu lorsque l'alimentation est coupée mais très rapide aussi bien en lecture qu'en écriture. Cette mémoire est tout indiquée pour stocker les variables.

RISC : Architecture de UC avec un jeu réduit d'instruction par opposition aux architectures CISC.

Bit : Unité élémentaire d'information (le fameux : 0 ou 1)

Octet : Ensemble de 8 bits (Il est possible de coder 256 états en général 0-255)

Mot : Ensemble de bits. Ici 14 bits, ce qui correspond à un emplacement en FLASH et qui correspond à la taille d'une instruction pour les PIC 16xxx.

3-1-4- Caractéristiques des UC

Matériels	Caractéristiques
Mémoire programme	4 kmots (16F873/874) / 8kmots (16F876/877)
RAM	192 octets / 368 octets
EEPROM données	128 octets / 256 octets
Entrées/sorties	22 (16F873/876) / 33 (16F874/877)
Boîtier	DIL 28 / DIL 40
Temps de cycle	0.5 uS à 8MHZ
Architecture	RISC

Tableau II. 1 : caractéristique des UC

Instructions très puissantes donc programme réduit

Programmation simple grâce au mode série ISP

Flash programmable au minimum 1000 fois et eeprom 1000000 fois

3-1-5- Brochage d'UC

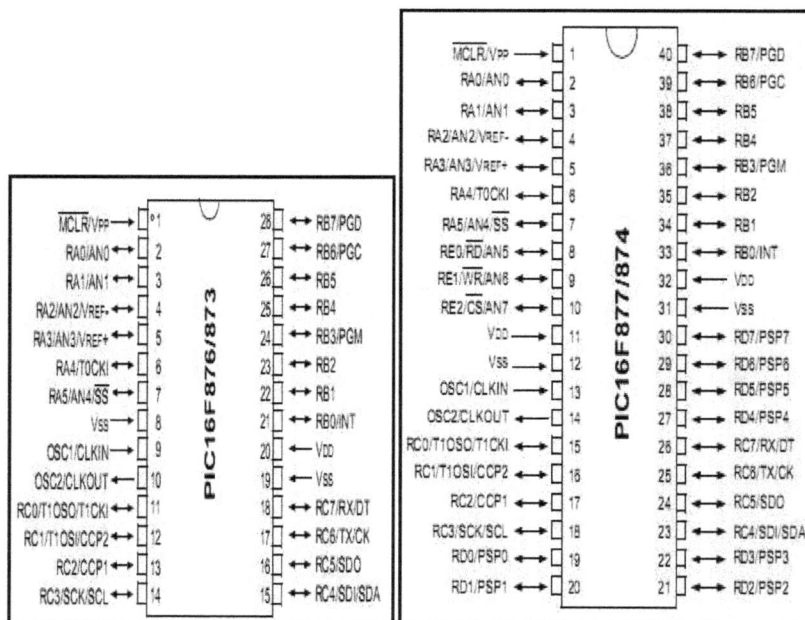

Figure II. 5 : Brochage 16F876 [8] / 16F8877 [9]

3-1-6- Composants annexes à UC

Pour fonctionner, un UC a besoin d'un oscillateur pour faire battre son cœur. Ici le quartz de 20 MHz fournit 20 millions d'impulsions par seconde. Le UC divise cette fréquence par 4 et peut donc exécuter 5 millions d'instructions par seconde soit une instruction toutes les 2 microsecondes. Les 2 condensateurs céramiques C4 et C5 sont nécessaires au bon fonctionnement du quartz. L'utilisation du quartz est impératif si l'horodateur est utilisé (dérive de 17s max par jour au lieu de 7 minutes). Le RESET de l'UC est mis au 5V à travers une résistance. Pour fonctionner, l'UC a besoin d'une tension stable. L'alimentation fournit du 5V bien propre. Un condensateur filtre les hautes fréquences qui pourraient perturber le PIC ainsi que celles qu'il génère.

3-2- Etude des entrées

3-2-1- Module d'entrée par la matrice de résistance

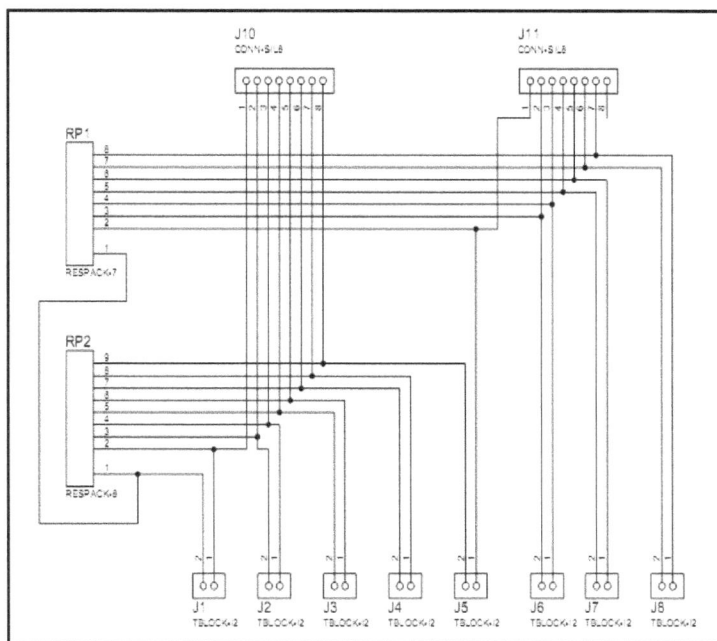

Figure II. 6 : Module d'entrée "matrice de résistance"

Les entrées du PIC sont reliées au +5V par l'intermédiaire des résistances de « pull-up » des réseaux RP. Un réseau RP est simplement un ensemble de résistance dans un paquetage en ligne plus facile à utiliser et qui prend moins de place que les résistances traditionnelles. Dans les RP utilisés, il y a une résistance entre le commun et chacune des autres pattes. En l'absence de capteur ou en présence d'un capteur ouvert (inactif), l'UC voit 5V. C'est-à-dire un niveau haut ou « 1 ». Le firmware (programme du PIC) inverse cet état, si bien qu'il voit « 0 ». Pour voir un état « 1 », il suffit de mettre l'entrée correspondante à la masse. Il suffit donc de connecter le capteur entre la masse et l'entrée désirée.

3-2-2- Module d'entrée opto-coupleur

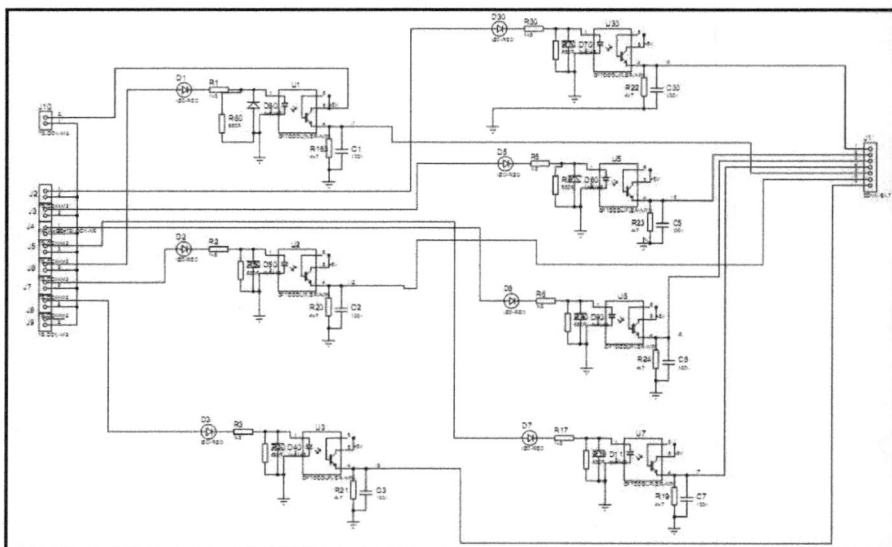

Figure II. 7 : Module d'entrée "opto-coupleur"

Les entrées/sorties du microcontrôleur sont compatibles TTL lorsque ces derniers sont alimentés par une tension comprise dans la plage d'alimentation normalisé des circuits TTL, soit de 4.75 à 5.25v. Pour cela il faut prendre un certain nombre de précautions afin que le pic ne soit pas détruit à la moindre fausse manœuvre .Pour cela on a choisi de placer un opto-coupleur pour permettre une isolation galvanique.**(Annexe E)**

En plus, on a ajouté un petit montage composé d'une résistance et d'une diode zener (5.1v) afin de convertir le signal 0/24v en un signal TTL compatible avec le pic.

3-2-3- Capteurs pour l'entrée

Les entrées sont accessibles via le bornier afin d'y connecter facilement les capteurs. Mon API peut gérer différents types de capteurs :

⤵ Capteurs tout ou rien TOR

⤵ Capteurs analogiques

3-2-3-1- Les capteurs TOR

Les capteurs TOR, sont des capteurs à 2 états. Ils sont aussi connus sous le nom de « capteurs à lame ». En effet ils utilisent le plus souvent une lame métallique pour faire passer ou non un courant. Les interrupteurs sont le plus simple exemple.

29

Voici quelques exemples de ces capteurs :

+ Divers interrupteurs manipulés par l'utilisateur : Interrupteurs à bascule, à glissière, boutons poussoirs, touches …

+ Divers interrupteurs actionnés par le système : Capteur à levier, à tige, à galet

+ ILS : Interrupteur à lame souple : Ils sont constitués d'une lame dans une ampoule de verre qui fait contact et donc ferme l'interrupteur (le courant peut passer) en présence d'un aimant.

+ Contacts de relais : Des montages électroniques peuvent délivrer leurs informations par le biais d'un relais. Ils contrôlent la bobine du relais et le commutateur est utilisé comme entrée. C'est par exemple le cas de certains capteurs infrarouges passif utilisés dans les alarmes.

3-2-3-2- Les capteurs analogiques

Les capteurs analogiques ont une caractéristique (résistance, tension,…) qui varie en fonction de la grandeur physique à mesurer. Ils ont donc une infinité de valeur possible contrairement aux capteurs TOR qui n'ont que 2. L'API est capable de mesurer une tension sur le port A grâce au convertisseur analogique/numérique du PIC. Ce dernier donne une valeur comprise entre 0 et 255 en fonction de la tension d'entrée. 0 pour 0V et 255 pour 5V. Il suffit de faire une règle de 3 pour trouver les correspondances. Il est à noter que le PIC est capable de faire des mesures sur 10bits (0-1023).

Voici quelques exemples de ces capteurs :

+ LDR : « Light Dependant Resitor », une résistance qui varie en fonction de la lumière.

+ CTN/CTP : sonde à coefficient de température négatif/Positif : Résistance qui varie en fonction de la température (qui augmente lorsque la température augmente pour les CTP)

+ LM335 : Une sorte de diode zener dont la tension inverse est proportionnelle à la température

3-2-3-3- Les capteurs analogiques utilisés en TOR

Il s'agit simplement d'utiliser un capteur analogique et de définir un point de basculement au-delà duquel le capteur est inactif et en deçà actif. Ce point est réglé à 2.5V pour le port A et aux alentours de 2V pour le port C. Sous ces valeurs les capteurs sont vus comme actif et inversement (Les états sont inversés).

Prenons le cas d'une LDR dont la résistance vaut 1k lorsqu'elle est bien éclairée et 1M lorsqu'elle est dans l'obscurité. Avec les règles suivantes :

Vs= (1000/ (1000+4700))*5=0.88V éclairée (donc actif)

Vs= (1000000/ (1000000+4700))*5=4.98V dans le noir (donc inactif)

Il est ainsi possible de réaliser un interrupteur crépusculaire sans se servir du CAN.

3-3- Etude des sorties

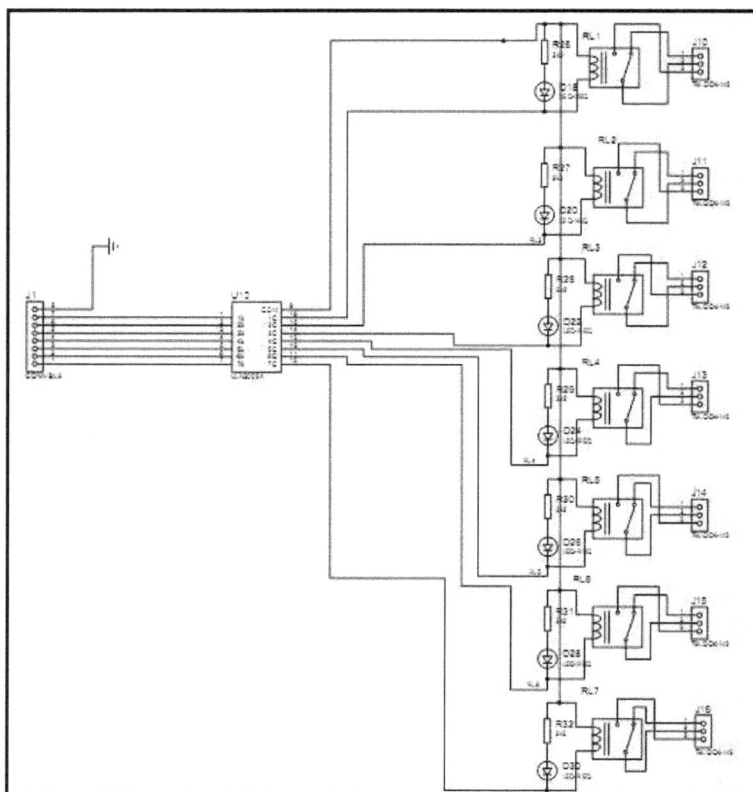

Figure II. 8 : Module de sortie

Les 8 lignes du port B du UC sont utilisées par les sorties. A ce niveau, l'intensité maximale est de 20mA par sortie sous 5V. Le réseau de transistor Darlington U10, amplifie en courant ces sorties et permet d'utiliser une tension différente de 5V. Lorsqu'une sortie du PIC est à 1 (5V), l'entrée correspondante de l'ULN voit 5V, et relie sa sortie correspondante à la masse. Dans le cas inverse la sortie n'est reliée à rien du tout.

Le circuit accepte un courant maximal de 500mA par sortie sous une tension de 50V max. Les sorties de l'ULN pilotent des relais électromagnétiques. Les contacts des relais sont disponibles sur des connecteurs ou on peut connecter les actionneurs.

L'utilisation de relais a plusieurs avantages :

+ Il n'y a pas de liaison électrique entre les sorties et le reste de l'API. Il est ainsi possible d'utiliser du 220V.

+ Il est possible d'utiliser aussi bien de l'alternatif que du continu.

+ Il est possible de commuter de grosses puissances.

Les relais que je préconise ont les caractéristiques suivantes : 1T, 12V, 1200Ohms, 5A 30V CC, 5A 250V AC.

3-4- Étude de l'alimentation

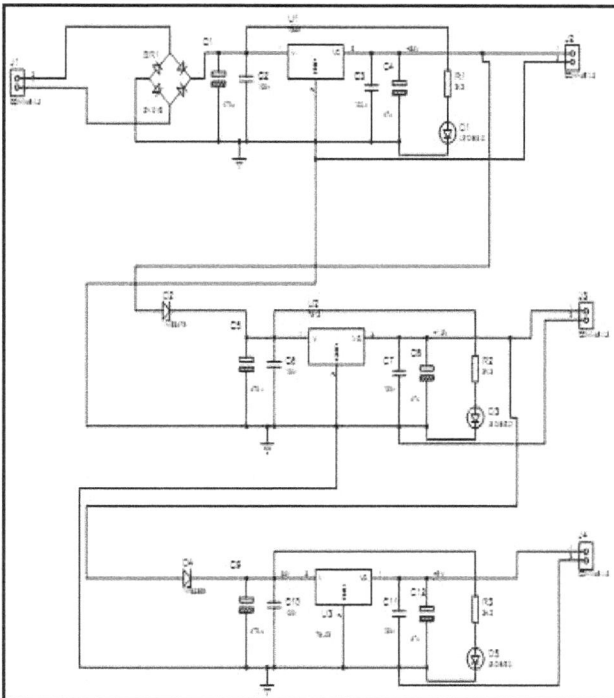

Figure II. 9 : Module d'alimentation

Pour l'alimentation de l'automate on a besoin de trois sources de tension continu, une alimentation 5 v pour le pic et l'ensemble de circuits intégrés, les deux autres 24 v et 12 v pour l'alimentation des capteurs. On a utilisé un transformateur qui fournit une tension 24 v alternatif dans ses bornes secondaires.

Donc on a besoin de rendre cette tension (24 v) continu le diminuer et le régler pour obtenir le 24v, 12v et 5v désiré.

+ Le signal de sortie du secondaire est redressé par un pont de diode de redressement BR1 pour rendre la tension entièrement positive. Le signal est ensuite filtré à l'aide du condensateur C1.

+ Le deux diodes D2 et D4 type 1N4001 protègent le montage contre les inversions de polarité.

+ Trois régulateurs de tension, dont le rôle est de stabiliser le potentiel de sortie à une certaine valeur 5V, 12V et 24V. En fait pour avoir une tension de 5V on a choisi d'un des régulateurs de tension les plus utilisés le 7805, également pour les tensions 12V et 24V, on a choisi respectivement le 7812 et le 7824.

+ Les leds D1, D3 et D5 dont le courant sont limités par R1, R2 et R3 indiquent la présence de tension.

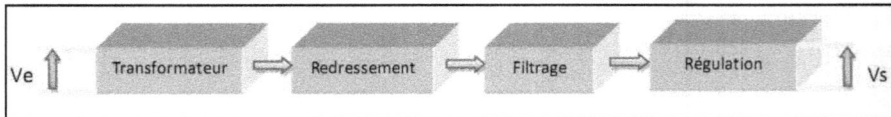

Figure II.10 : schéma synoptique

3-4-1- Choix du transformateur

Notre API nécessite une tension d'alimentation de (5V, 12V et 24V) et un courant de 1 A, ainsi nous devons choisir un transformateur a point milieu dont la tension maximale au secondaire est supérieure à 24V.

3-4-2- Choix de pont de redressement

Le choix de pont de diode est basée essentiellement sur :

+ La tension inverse maximale de diode.

+ Le courant moyen direct.

3-4-3- Choix des condensateurs

Pour obtenir une tension presque constant, il faut brancher un ou plusieurs condensateurs en parallèle juste à la sortie de pont redresseur, plus la valeur de la capacité est élevée plus le filtrage sera meilleur. Les deux principaux critères à considérer dans le choix d'un condensateur sont: Sa capacité et Sa tension de service.

3-4-4- Choix de régulateur de tension

Un régulateur de tension intégré est un composant à semi-conducteur dont le rôle consiste à rendre quasi continue une tension qui présente une ondulation issue d'un pont redresseur et à stabiliser sa valeur. La tension de sortie V-out est le principal critère de choix, puisqu'elle correspond à la tension désirée. Ainsi, pour une tension de 5V, on choisira un LM7805 qui possède les caractéristiques suivantes : Courant de sortie 1A. Protection thermique interne contre les surcharges. Aucun composant externe nécessaire. Plage de sécurité pour le transistor de sortie. Limitation interne du courant de court-circuit. Même caractéristique pour LM7812 et LM7824.

3-5- Etude de liaison série entre le pic et le pc

3-5-1- Présentation

Les liaisons séries permettent la communication entre deux systèmes numériques en limitant le nombre de fils de transmission.

La liaison série aux normes RS 232 est utilisée dans tous les domaines de l'informatique (ex : port de communication cm1 et com2 des PC, permettant la communication avec des périphériques tels que modem et souris). Le mode série est défini pour signaler que tous les bits d'un octet vont être envoyés en séries les uns derrière les autres. Ceci par opposition au mode parallèle pour lequel tous les bits sont envoyés en même temps, chacun sur un fil séparé. Asynchrone est l'opposé de synchrone, c'est-à-dire qu'il s'agit d'une liaison qui ne fournit pas une horloge destinée à indiquer le début et la fin de chaque bit envoyé. Nous aurons donc besoin d'un mécanisme destiné à repérer la position de chaque bit.

Le schéma fonctionnel est donné par le schéma suivant:

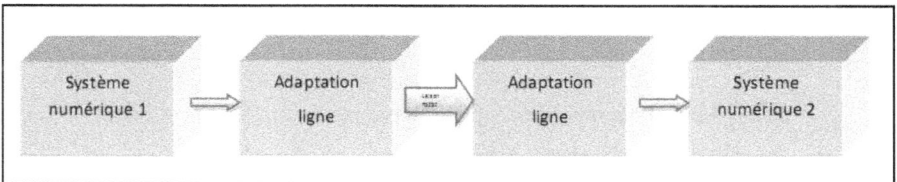

Figure II. 11 : schéma fonctionnel de la liaison série

La transmission série nécessite un minimum de 2 fils comportant les trames de données en émission (Tx) et en réception (Rx).l'adaptation des données se fait à l'aide d'un circuit adaptateur de ligne (ex : MAX232), qui transforme les niveaux logiques issus du système numérique en niveaux logiques compatibles avec les normes RS232 et vice versa.

Avant adaptation	Après adaptation
Niveau 0 = 0 V	Niveau 0 = + 12 V
Niveau 1 = 5 V	Niveau 1 = - 12 V

Tableau II. 2 : ADAPTATION AU NIVEAU LOGIQUE

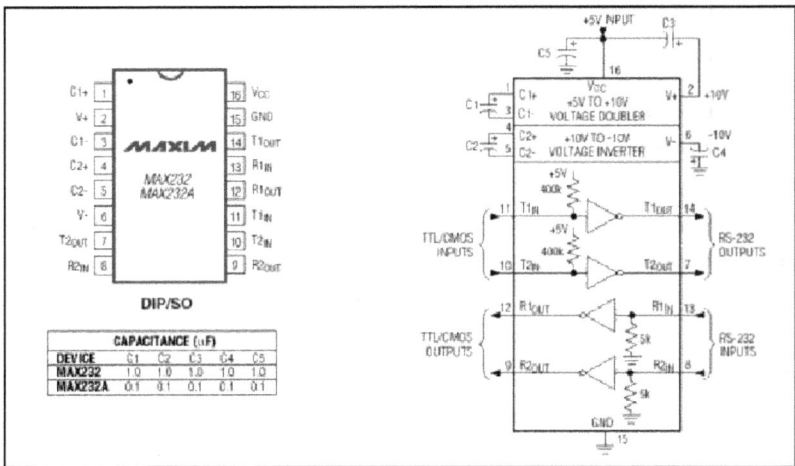

Figure II. 12 : Circuit intégré MAX232

3-5-2- Protocole de transmission

Afin que les éléments communicants puissent se comprendre, il est nécessaire d'établir un protocole de transmission. Ce protocole devra être le même pour les deux éléments afin que la transmission fonctionne correctement.

Paramètres rentrant en jeu :

⁜ **Longueur des mots** : 7 bits (ex : caractère ascii) ou 8 bits

- **La vitesse de transmission** : les différentes vitesses de transmission sont réglables à partir de 110 bauds (bits par seconde) de la façon suivante : 110bds, 150bds, 300 bds, 600bds, 1200 bds, 2400bds, 4800bds, 9600bds.
- **Parité** : le mot transmis peut être suivi ou non d'un bit de parité qui sert à détecter les erreurs éventuelles de transmission. Il existe deux types de parité.

Parité paire : le bit ajouté à la donnée est positionné de telle façon que le nombre des états 1 soit pair sur l'ensemble donné plus bit de parité

Ex : soit la donnée 11001011 contenant 5état 1, le bit de parité paire est positionné à 1, ramenant ainsi le nombre de 1 à 6.

Parité impaire : le bit ajouté à la donnée est positionné de telle façon que le nombre des états 1 soit impair sur l'ensemble donné plus bit de parité

Ex : soit la donnée 11001001 contenant 5 états 1, le bit de parité paire est positionné à 0, laissant ainsi un nombre de 1 impaire.

- ✓ **Bit de Start** : la ligne au repos est à l'état logique 1 pour indiquer qu'un mot va être transmis la ligne passe à l'état bas avant de commencer le transfert. Ce bit permet de synchroniser l'horloge du récepteur.
- ✓ **Bit de Stop** : après la transmission, la ligne est positionnée au repos pendant 1, 2 ou 1,5 période d'horloge selon le nombre de bits de stop.

4- Maquette ascenseur

4-1- Définition

Cette maquette est d'une grande richesse pédagogique, elle peut être utilisée pour la découverte des automatismes avec les étudiants de génie électrique.

Pour chaque position de repos à un étage Il ya toujours possibilité pour un des deux autres étages. La programmation de ce genre de situation nécessite un grafcet.

➤ GRAFCET

000 — DESCENTE   Le monte-charge descend jusqu'à atteindre le niveau 0.

NIVEAU_0

001   Monte-charge au niveau 0.

BOUTON_2   Si appel niveau 2, saut à l'étape 004.

BOUTON_1   Appui sur le poussoir du niveau 1.   [004]

002 — MONTEE   Le monte-charge monte jusqu'au niveau 1.

NIVEAU_1

003   Le monte-charge au niveau 1.

[000]

BOUTON_0

Si appui sur le poussoir du niveau 0, saut à l'étape 000.   BOUTON_2   Appui sur le poussoir du niveau 2.

004 — MONTEE   Le monte-charge monte jusqu'au niveau 2.

NIVEAU_2

005   Monte-charge au niveau 2.

[000]

BOUTON_0

Si appui sur le poussoir du niveau 0, saut à l'étape 000.   BOUTON_1   Si appui sur le poussoir du niveau 1.

006 — DESCENTE   Le monte-charge descend jusqu'au niveau 1.

[003]

NIVEAU_1

Lorsque le niveau 1 est atteint, saut à l'étape 003.

NIVEAU_0.NIVEAU_1.NIVEAU_2

Cette condition ne sera jamais activée. Elle permet d'éviter que l'étape 006 ne reboucle sur l'étape 000.

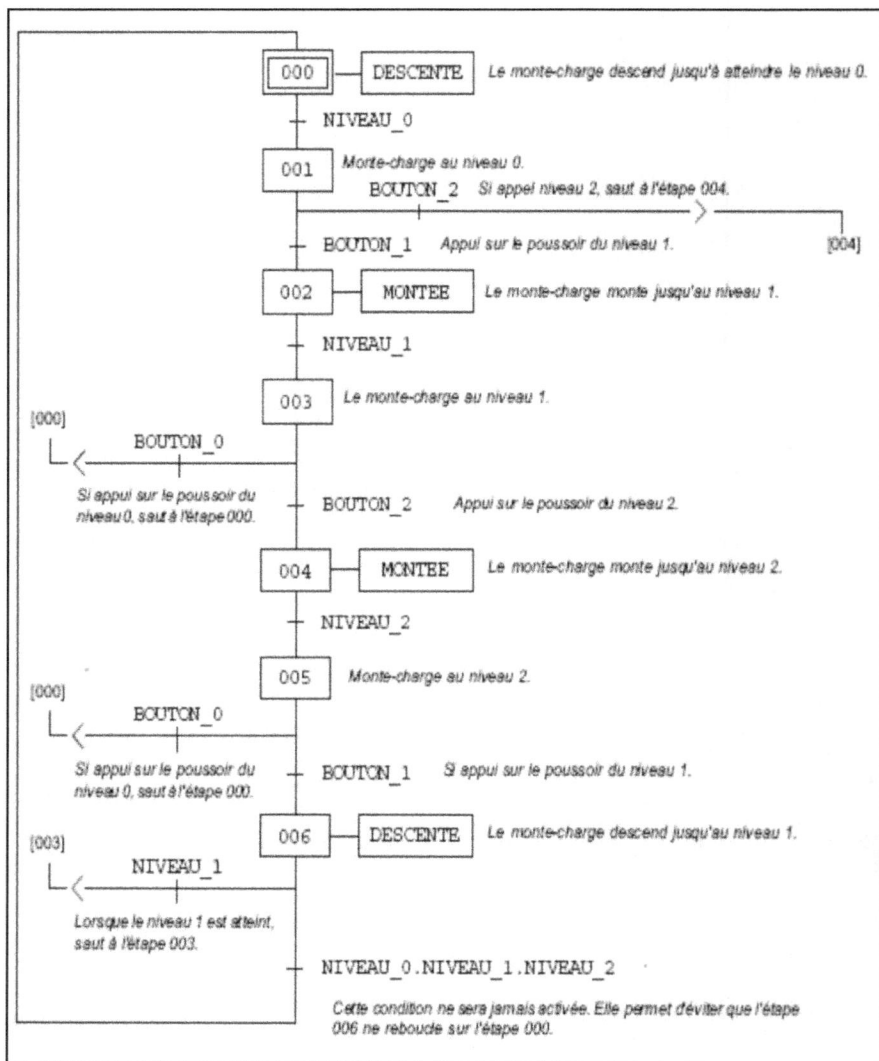

Figure II. 13 : GRAFCET

Entrées (Boutons/ capteurs)	Adresse absolue
BOUTON_0	B0
BOUTON_1	B1
BOUTON_2	B2
NIVEAU_0	N0
NIVEAU_1	N1
NIVEAU_2	N2
MONTEE	MOTEUR SENS 1
DESCENTE	MOTEUR SENS 2

Tableau II. 3 : L'adressage absolu des entrées/sorties de la première application

Schéma de dispositif à automatiser :

Figure II. 14 : Maquette ascenseur

4-2- Les composants de l'ascenseur

🔱 Un moteur triphasé alimenté en 220V

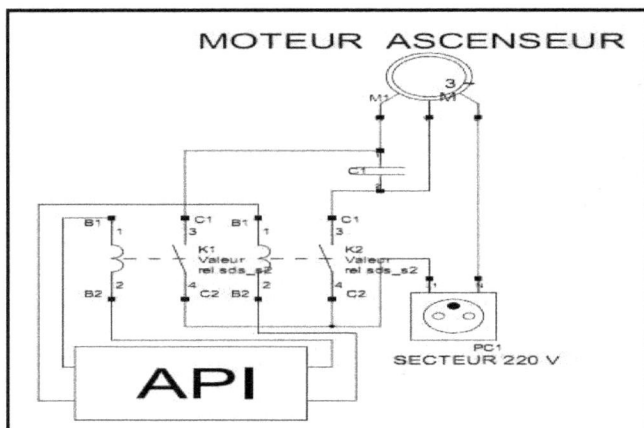

Figure II. 15 : câblage de moteur avec le secteur 220V

🔱 Le capteur de fin de course haut est collé sur un morceau de bois. Cette équerre est vissée sur le sommet de la cage.

🔱 Le capteur de position de course milieu est collé sur un morceau en PVC qui est vissée sur la plaque de fond de cage. La cabine ne vient pas en butée sur le capteur mais en frottement. Le mouvement est tangentiel. J'ai fabriqué un petit "accent circonflexe" que j'ai collé sur le cil du capteur.

🔱 Le capteur de fin de course bas est collé sur un morceau de bois qui est vissée sur le pied de la cage.

🔱 Le guidage de la cabine est assuré par une tige fileté en acier de 8 mm de diamètre qui est fixées par un roulement en bas et par le moteur en haut.

5- LD-micro

5-1- Définition

LD-micro génère du code natif pour certains microcontrôleurs Microchip PIC16F et Atmel AVR. Usuellement les programmes de développement pour ces microcontrôleurs sont écrits dans des langages comme l'assembleur, le C ou le Basic. Un programme qui utilise un de ces langages est une suite de commandes. Ces programmes sont puissants et adaptés à l'architecture des processeurs, qui de façon interne exécutent une liste d'instructions.

Les API (Automates Programmables Industriels, PLC en anglais, SPS en allemand) utilisent une autre voie et sont programmés en Langage à Contacts (ou LADDER). Un programme simple est représenté comme ceci :

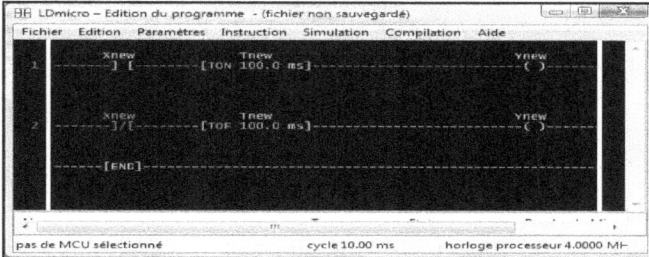

Figure II. 16 : LD-micro

TON est un tempo travail, TOF est un tempo repos.

Les commandes --] [-- représentent des Entrées, qui peuvent être des contacts de relais.

Les commandes -- ( ) -- sont des Sorties, qui peuvent représenter des bobines de relais.

Un certain nombre de différences apparaissent entre les programmes en langage évolués (C, Basic, Etc...) et les programmes pour API LD-micro :

➕ Le programme est représenté dans un format graphique, et non comme une liste de commandes en format texte.

➕ Au niveau de base, le programme apparait comme un diagramme de circuit avec des contacts de relais (Entrées) et des bobines (Sorties).

➕ Le compilateur de langage à contacts vérifie tout ceci lors de la compilation.

LDmicro compile le langage à contact (ladder) en code pour PIC16F ou AVR. Les processeurs suivants sont supportés :

* PIC16F877
* PIC16F628
* PIC16F876 (non testé)
* PIC16F88 (non testé)
* PIC16F819 (non testé)
* PIC16F887 (non testé)
* PIC16F886 (non testé)
* ATmega128
* ATmega64

* ATmega162 (non testé)

* ATmega32 (non testé)

* ATmega16 (non testé)

* ATmega8   (non testé)

5-2- Création du projet dans LD-micro (exemple maquette ascenseur)

⬇ Démarrer le programme exécutable LDmicro.exe

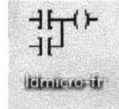

Figure II. 17 : LD-micro

⬇ Nous allons commencer par la bobine (de relais), choisir l'instruction à Insérer Bobine. Ceci crée une bobine nommée 'Ynew.' C'est ce que nous voulons excepter le nom qu'il faut changer et devrait être inversé (NC au repos). Faire un double clic sur la bobine, ce qui permet d'ouvrir la boite de dialogue suivante :

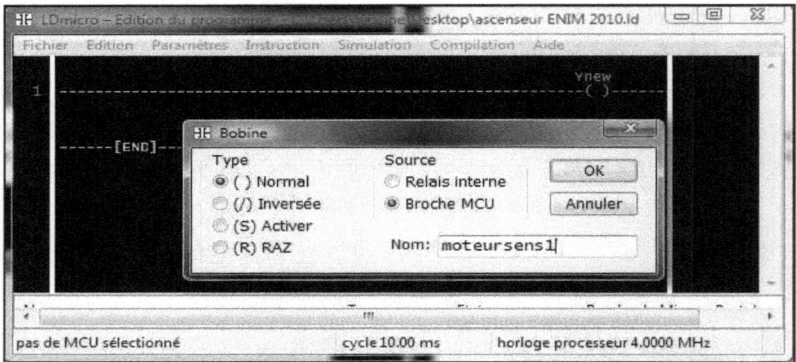

Figure II. 18 : définition de la bobine de sortie

⬇ Maintenant, il est possible d'insérer le reste de la ligne de la même façon. Cliquer sur le bord gauche de la bobine, ce qui met le curseur vertical et à gauche de la bobine, insérer instruction -> insérer contact. Maintenant faire un double clic comme avant pour le renommer.

41

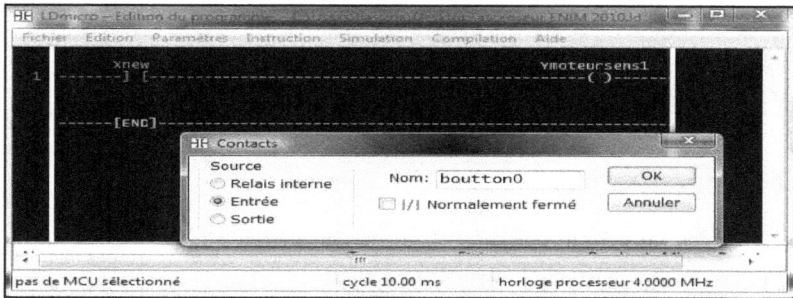

Figure II. 19 : Définition de la contact- d'entrée

⬇ Maintenant nous allons entrer la deuxième ligne choisir à Edition   Insérer ligne
Après

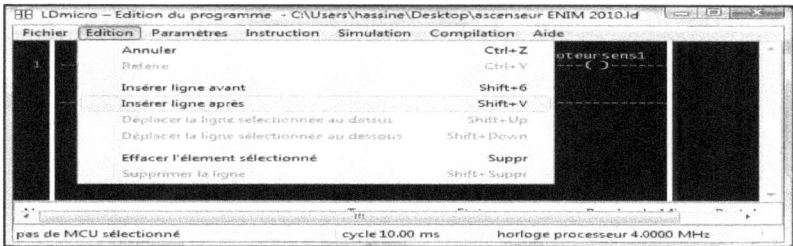

Figure III. 20 : insertion d'une ligne

⬇ Programme ascenseur ENIM 2010

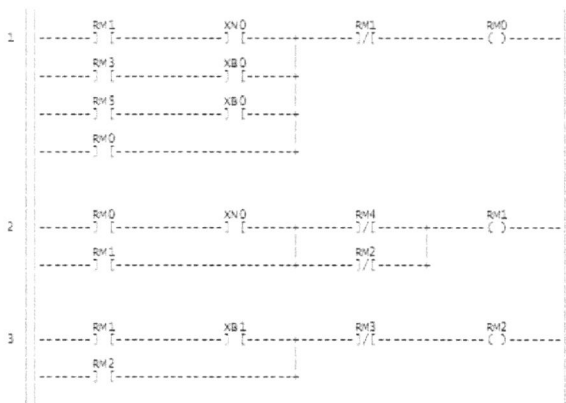

```
      RM2              XN1            RMO              RM3
4  ----] [-------------] [--------+---]/[--------+----( )------
      RM6              XN1        |   RM4         |
   ----] [-------------] [--------+---]/[---------+
      RM3                         |
   ----] [------------------------+


      RM3              XB2            RM5              RM4
5  ----] [-------------] [------------]/[-------------( )------
      RM1              XB2        |
   ----] [-------------] [--------+
      RM4                         |
   ----] [------------------------+


      RM4              XN2            RM6              RM5
6  ----] [-------------] [--------+---]/[--------+----( )------
      RM5                         |   RMO        |
   ----] [------------------------+---]/[--------+


      RM5              XB1            RMO              RM6
7  ----] [-------------] [--------+---]/[--------+----( )------
      RM6                         |   RM3        |
   ----] [------------------------+---]/[--------+


      RMO                                     Ymoteursens2
8  ----] [-------------------------------------( )------


      RM2                                     Ymoteursens1
9  ----] [-------------------------------------( )------


      RM4                                     Ymoteursens1
10 ----] [-------------------------------------( )------


      RM6                                     Ymoteursens2
11 ----] [-------------------------------------( )------


      X1                                        RMO
12 ----]/[-------------------------------------( )------


   -----[END]-------------------------------------------
```

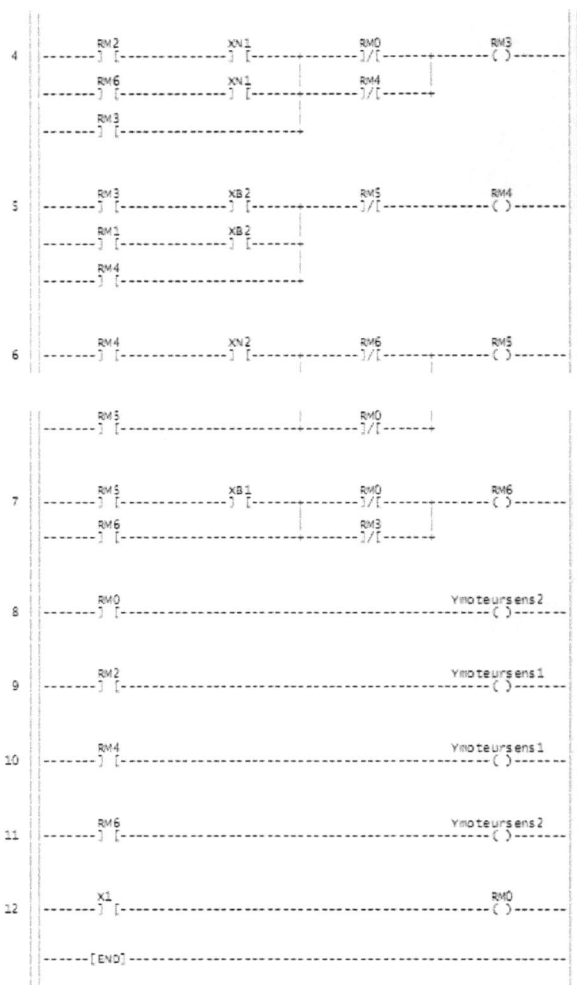

🔸 Simulation du programme

   Maintenant nous sommes prêts pour simuler le programme. Choisir   Simulation ->
Mode Simulation.   L'affichage change ; le diagramme à contact apparait maintenant en
grisé, mais rien ne change. Ceci parce que l'API (automate programmable) n'est pas en
cycle. Pour démarrer le cycle, choisir Simulation -> Démarrer Simulation en temps réel.

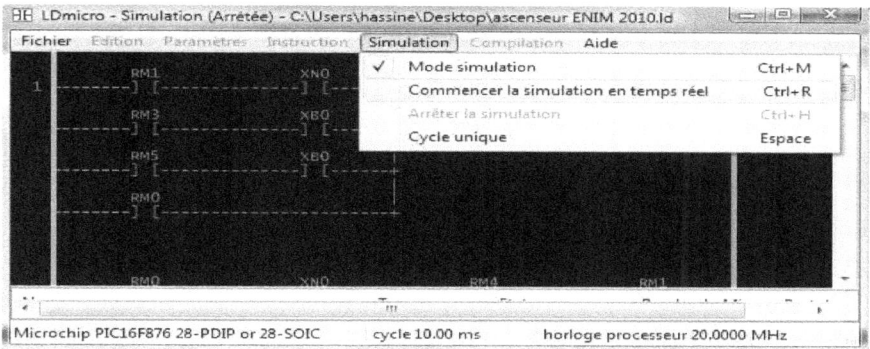

Figure II. 21 : Simulation

⤵ Compilation :

Il faut choisir un microcontrôleur, donc choisir Paramètres -> Microcontrôleur -> Microchip PIC16F876 28-PDIP or 28-SOIC.

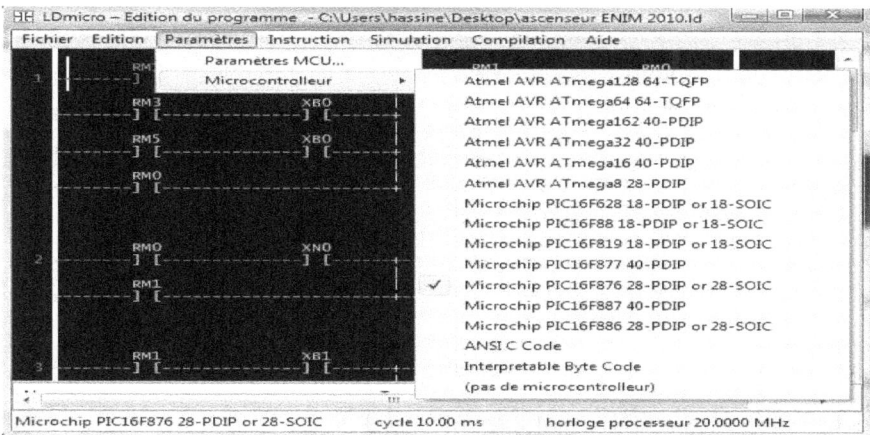

Fig II. 22 : Choix d'un microcontrôleur

Il faut aussi choisir quelle fréquence de quartz et quel temps de cycle LDmicro utilisera : choisir Paramètres -> Paramètres MCU, spécifier 20 MHz pour fréquence d'horloge. Laisser le temps de cycle à 10 ms, c'est une bonne valeur courante.

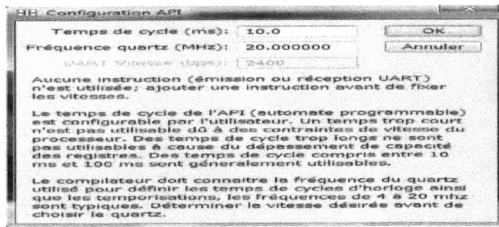

Figure II. 23 : Choix de temps de cycle et fréquence de quartz

Maintenant il faut affecter les broches d'Entrées et de Sorties. Double clic sur 'Xbutton' dans la liste au bas de l'écran.

Figure II. 24 : Affectation des broches de microcontrôleur

Maintenant l'étape de compilation. Choisir dans le menu Compilation -> Compiler, et spécifier l'emplacement pour enregistrer le fichier IHEX.

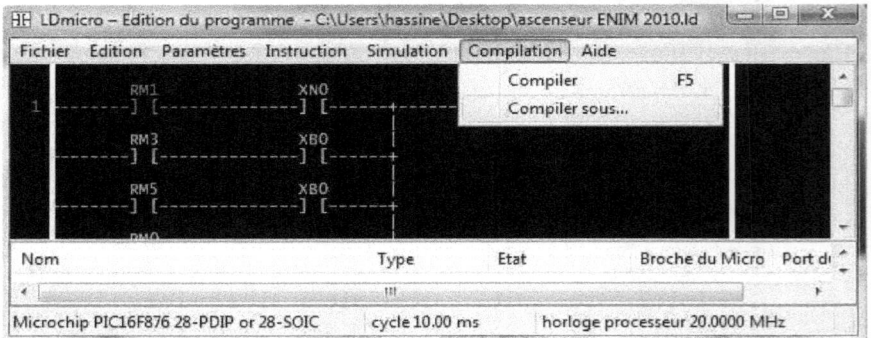

Figure II. 25 : Compilation

45

Maintenant l'étape de transfert de fichier HEX vers notre Automate (PLC ENIM 2010), et pour cela on a utilisé le logiciel tiny boatloader.

6- Conclusion

A partir de la concrétisation de l'API (PLC ENIM 2010), nous voulons montrer la facilité du montage des API, et de son coût raisonnable. Nous voulons au même temps jette l'accent sur la nécessité de son utilisation par les étudiants dans les prochaines années pour essayer de le développer et contribuer à le rendre exploitable dans les séances des ''travaux pratiques''.

CHAPITRE III

LES API SIEMENS : ASPECT MATÉRIEL ET
ENVIRONNEMENT LOGICIEL

CHAPITRE III

1-Présentation de la gamme SIMATIC de SIEMENS

Siemens reste le seul à proposer une gamme complète de produits pour l'automatisation industrielle, par le biais de sa gamme SIMATIC. L'intégration globale de tout l'environnement d'automatisation est réalisée grâce à :

+ Une configuration et une programmation homogène des différentes unités du système.

+ Une gestion cohérente des données.

+ Une communication globale entre tous les équipements d'automatisme mis en œuvre.

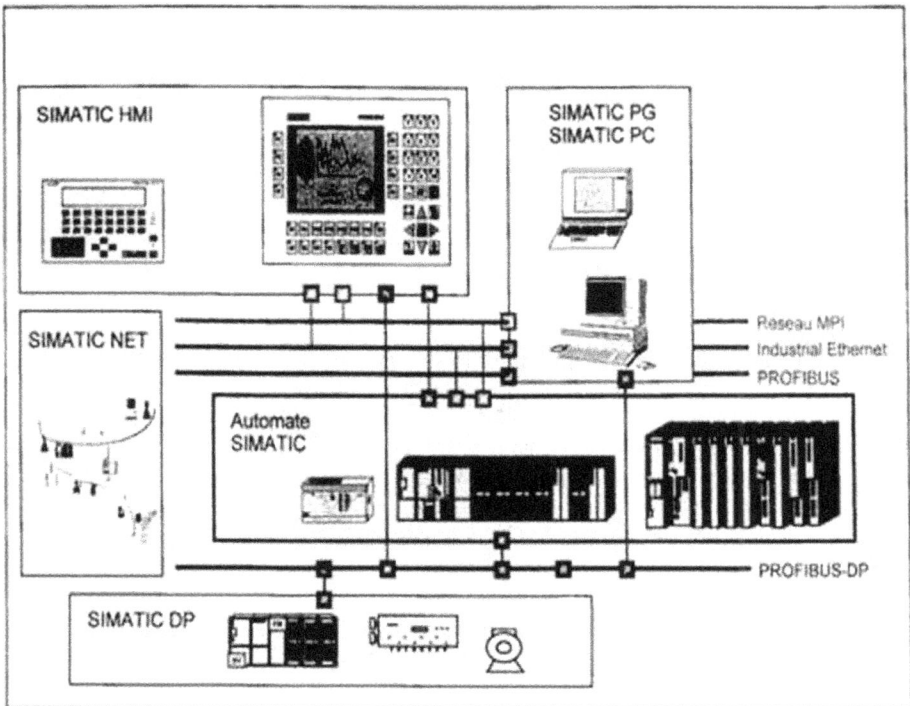

Figure III. 1 : Présentation de la gamme de SIMATIC [13]

1-1- Les différentes variantes dans la gamme SIMATIC

1-1-1- SIMATIC S7

Cette gamme d'automates comporte trois familles :

+ S7 200, qui est un Micro-automate modulaire pour les applications simples, avec possibilité d'extensions jusqu'à 7 modules, et une mise en réseau par l'interface multipoint (MPI) ou PROFIBUS.

Figure III. 2 : L'API S200 [14]

+ S7300 est un Mini-automate modulaire pour les applications d'entrée et de milieu de gamme, avec possibilité d'extensions jusqu'à 32 modules, et une mise en réseau par l'interface multipoint (MPI), PROFIBUS et Industrial Ethernet.

Figure III. 3 : L'API S300 [14]

+ S7400 est un automate de haute performance pour les applications de milieu et haut de gamme, avec possibilité d'extension à plus de 300 modules, et une possibilité de mise en réseau par l'interface multipoint (MPI), PROFIBUS ou Industrial Ethernet.

Figure III. 4 : L'API S400 [14]

1-1-2- SIMATIC C7

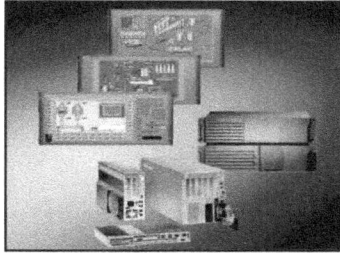

Figure III. 5 : La gamme SIMATIC C7 [14]

Le SIMATIC C7 combine automate programmable et panneau opérateur dans une seule unité. L'automate compte la CPU, les modules d'entrées/sorties, et le panneau opérateur qui est utilisé comme une interface Homme/Machine HMI.

Le C7 permet la visualisation des états de fonctionnement, des valeurs actuelles du processus et des anomalies.

1-1-3- SIMATIC M7

Figure III. 6 : La gamme SIMATIC M7 [14]

Les SIMATIC M7 sont des calculateurs industriels compatibles PC. Il s'agit d'un système modulaire sous boîtier, construit dans la technique des automates SIMATIC S7. Il peut être intégré dans un automate S7 300/400 ou être utilisé comme système autonome avec une périphérie choisie dans la gamme S7.

Le M7 300/400 est capable d'effectuer simultanément avec une seule CPU des opérations en temps réel, par exemple des algorithmes complexes de commande, de régulation ainsi que des tâches de visualisation et de traitement informatique. Les logiciels sous DOS ou Windows sont exploitables sur le M7-300. Par ailleurs, avec son architecture normalisée PC, il permet une extension programmable et ouverte de la plate-forme d'automatisation S7.

1-2- Description du STEP7

STEP 7 est le progiciel de base pour la configuration et la programmation de systèmes d'automatisation SIMATIC S300 et S400. Il fait partie de l'industrie logicielle SIMATIC. Le logiciel de base assiste dans toutes les phases du processus de création de la solution d'automatisation, La conception de l'interface utilisateur du logiciel STEP 7 répond aux connaissances ergonomiques modernes et son apprentissage est très facile [10].

STEP 7 comporte les quatre sous logiciels de base suivants :

1-2-1- Gestionnaire de projets SIMATIC Manager

SIMATIC Manager constitue l'interface d'accès à la configuration et à la programmation.

Ce gestionnaire de projets présente le programme principal du logiciel STEP7 il gère toutes les données relatives à un projet d'automatisation, quel que soit le système cible (S7/M7/C7) sur lequel elles ont été créées. Le gestionnaire de projets SIMATIC démarre automatiquement les applications requises pour le traitement des données sélectionnées.

1-2-2- Editeur de programme et les langages de programmation

Les langages de programmation CONT, LIST et LOG, font partie intégrante du logiciel de base :

↳ Le schéma à contacts (CONT) est un langage de programmation graphique. La syntaxe des instructions fait penser aux schémas de circuits électriques. Le langage CONT permet de suivre facilement le trajet du courant entre les barres d'alimentation en passant par les contacts, les éléments complexes et les bobines [2].

↳ La liste d'instructions (LIST) est un langage de programmation textuel proche de la machine. Dans un programme LIST, les différentes instructions correspondent, dans une large mesure, aux étapes par lesquelles la CPU traite le programme [2].

+ Le logigramme (LOG) est un langage de programmation graphique qui utilise les boîtes de l'algèbre de Boole pour représenter les opérations logiques. Les fonctions complexes, comme par exemple les fonctions mathématiques, peuvent être représentées directement combinées avec les boîtes logiques [2].

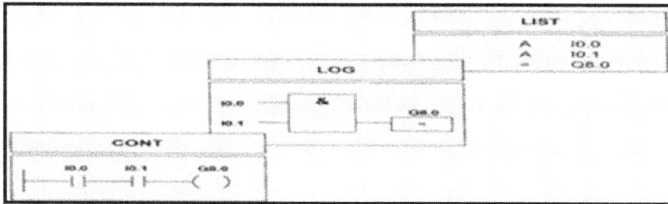

Figure III. 7 : mode de représentation des langages basiques de programmation STEP 7 [12]

On dispose de langages de programmation plus évolués, au détriment de l'optimisation mémoire:

+ GRAPH est un langage de programmation permettant la description aisée de commandes séquentielles (programmation de graphes séquentiels). Le déroulement du processus y est subdivisé en étapes. Celles-ci contiennent en particulier des actions pour la commande des sorties. Le passage d'une étape à la suivante est soumis à des conditions de transition [2].

+ HiGraph est un langage de programmation permettant la description aisée de processus asynchrones non séquentiels sous forme de graphes d'état. A cet effet, l'installation est subdivisée en unités fonctionnelles pouvant prendre différents états. Ces unités fonctionnelles peuvent se synchroniser par l'échange de messages [2].

+ SCL est un langage évolué textuel. Il comporte des éléments de langage que l'on trouve également sous une forme similaire dans les langages de programmation Pascal et C. SCL convient donc particulièrement aux utilisateurs déjà habitués à se servir d'un langage de programmation évolué. [12].

+ CFC pour S7 et M7 est un langage de programmation graphique permettant l'interconnexion graphique de fonctions existantes. Ces fonctions couvrent un large éventail allant de combinaisons logiques simples à des régulations et commandes complexes. Un grand nombre de ces fonctions est disponible sous la forme de blocs dans une bibliothèque [12].

1-2-3- Paramétrage de l'interface PG-PC

Cet outil sert à paramétrer l'adresse locale des PG/PC, la vitesse de transmission dans le réseau MPI ou PROFIBUS en vue d'une communication avec l'automate et le transfert du projet.

1-2-4- Le simulateur des programmes PLCSIM

L'application de simulation de modules S7-PLCSIM permet d'exécuter et de tester le programme dans un automate programmable (AP) qu'on simule dans un ordinateur ou dans une console de programmation. La simulation étant complètement réalisée au sein du logiciel STEP7, il n'est pas nécessaire qu'une liaison soit établie avec un matériel S7 quelconque (CPU ou module de signaux). L'AP S7 de simulation permet de tester des programmes destinés aux CPU S7-300 et aux CPU S7-400, et de remédier à d'éventuelles erreurs [11].

S7-PLCSIM dispose d'une interface simple permettant de visualiser et de forcer les différents paramètres utilisés par le programme (comme, par exemple, d'activer ou de désactiver des entrées). Tout en exécutant le programme dans l'AP de simulation, on a également la possibilité de mettre en œuvre les diverses applications du logiciel STEP 7 comme, par exemple, la table des variables (VAT) afin d'y visualiser et d'y forcer des variables.

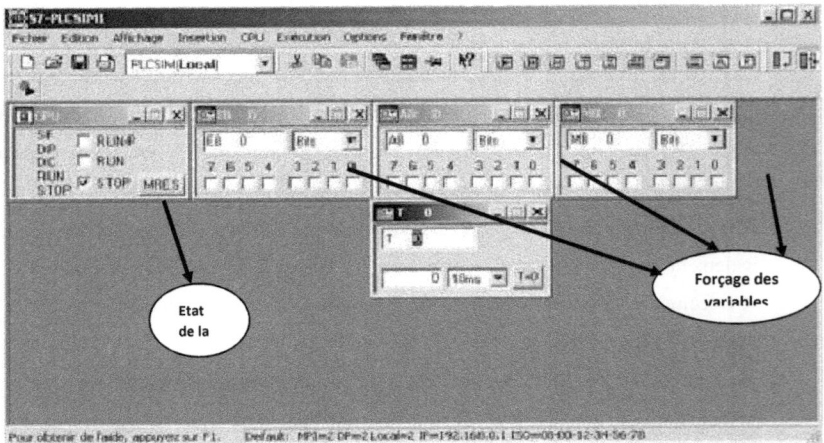

Figure III. 8 : logiciel de simulation PLC- SIM

53

2- Stratégie pour la conception d'une structure programme complète et optimisée

La mise en place d'une solution d'automatisation avec STEP 7 nécessite la réalisation des taches fondamentales suivantes :

↓ Création du projet SIMATIC Step7

↓ Configuration matérielle HW Config :

Dans une table de configuration, on définit les modules mis en œuvre dans la solution d'automatisation ainsi que les adresses permettant d'y accéder depuis le programme utilisateur, pouvant en outre, y paramétrer les caractéristiques des modules.

↓ Définition des mnémoniques :

Dans une table des mnémoniques, on remplace des adresses par des mnémoniques locales ou globales de désignation plus évocatrice afin de les utiliser dans le programme.

↓ Création du programme utilisateur :

En utilisant l'un des langages de programmation mis à disposition, on crée un programme affecté ou non à un module, qu'on enregistre sous forme de blocs, de sources ou de diagrammes.

↓ Exploitation des données :

Création des données de références : Utiliser ces données de référence afin de faciliter le test et la modification du programme utilisateur et la configuration des variables pour le "contrôle commande"

↓ Test du programme et détection d'erreurs :

Pour effectuer un test, on a la possibilité d'afficher les valeurs de variables depuis le programme utilisateur ou depuis une CPU, d'affecter des valeurs à ces variables et de créer une table des variables qu'on souhaite afficher ou forcer.

↓ Chargement du programme dans le système cible :

Une fois la configuration, le paramétrage et la création du programme terminés, on peut transférer le programme utilisateur complet ou des blocs individuels dans le système cible (module programmable de votre solution matérielle). La CPU contient déjà le système d'exploitation.

↓ Surveillance du fonctionnement et diagnostic du matériel :

La détermination des causes d'un défaut dans le déroulement d'un programme utilisateur se fait à l'aide de la « Mémoire tampon de diagnostic », accessible depuis le SIMATIC Manager.

3- Exemple de Création et d'édition d'un projet S7

Pour bien illustrer les démarches de conception d'un programme dont on a souligné précédemment les étapes, on prend comme exemple d'application l'automatisation d'une maquette ascenseur, avec le cahier de charge suivant :

Cahier de charge :

Commande de Monte-charge de 3 étages avec prise en compte des appels par bouton poussoir.

➢ GRAFCET

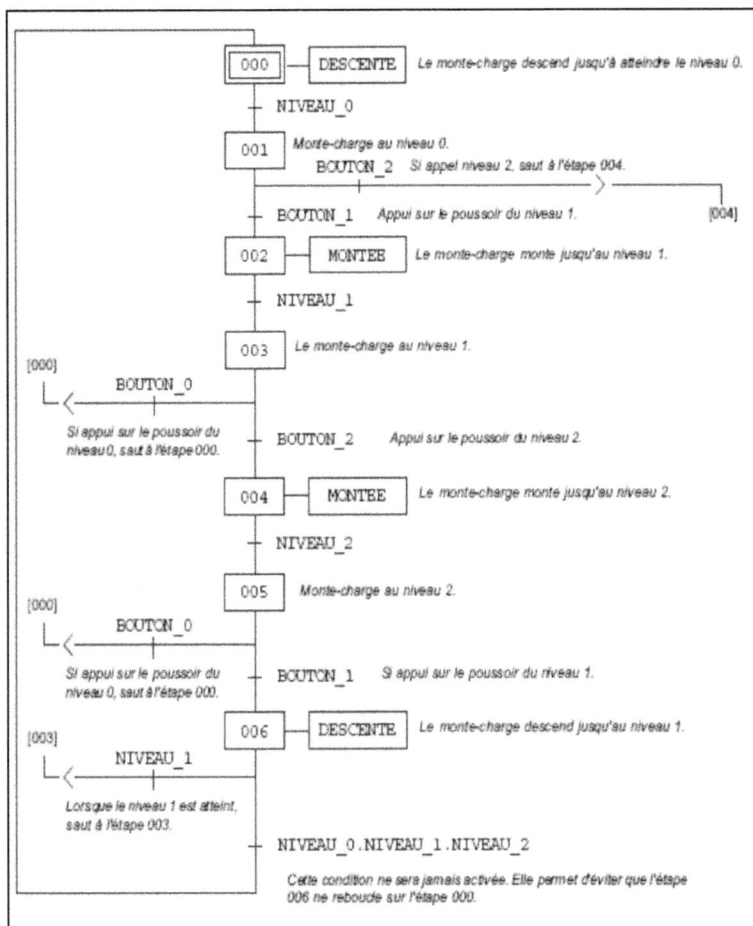

Figure III. 9 : GRAFCET

Entrées (Boutons/ capteurs)	Adresse absolue
BOUTON_0	E0.0
BOUTON_1	E0.1
BOUTON_2	E0.2
NIVEAU_0	E0.3
NIVEAU_1	E0.4
NIVEAU_2	E0.5
MONTEE	A0.0
DESCENTE	A0.1

Tableau III.1 : L'adressage absolu des entrées/sorties de la première application

3-1- Création du projet avec SIMATIC Manager

Afin de créer un nouveau projet STEP7, il nous est possible d'utiliser « l'assistance de création de projet », ou bien créer le projet soi-même et le configurer directement, cette dernière est un peu plus complexe, mais nous permet aisément de gérer notre projet.

En sélectionnant l'icône SIMATIC Manager, on aura la fenêtre principale qui s'affiche, pour sélectionner un nouveau projet et valider.

Comme le projet est vide il nous faut insérer une station SIMATC 300/400.

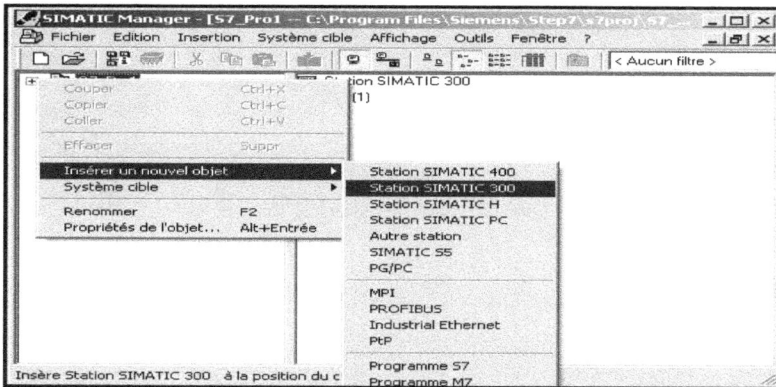

Figure III.12 : Le SIMATIC Manager

56

Deux approches sont possibles. Soit on commence par la création du programme puis la configuration matérielle ou bien l'inverse.

3-2- Configuration matérielle (Partie Hardware)

C'est une étape importante, qui correspond à l'agencement des châssis, des modules et de la périphérie décentralisée.

Les modules sont fournis avec des paramètres définis par défaut en usine. Une configuration matérielle est nécessaire pour :

↓ modifier les paramètres ou les adresses préréglés d'un module,

↓ configurer les liaisons de communication.

Le choix du matériel SIMATIC S300 avec une CPU315-2DP nous conduit à introduire hiérarchisée suivante :

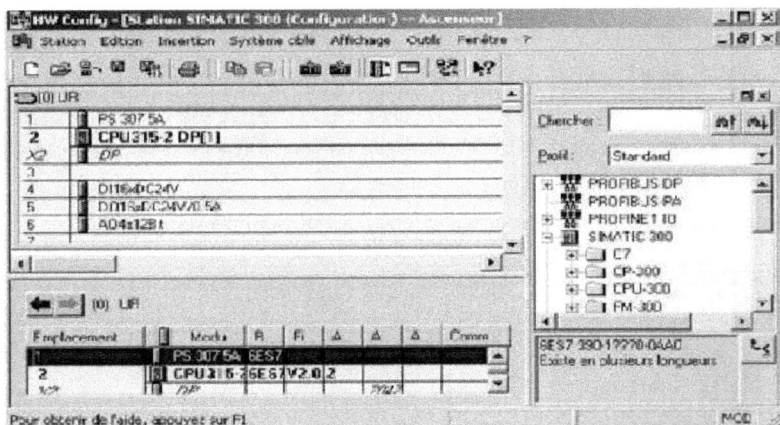

Figure III.13 : Configuration matérielle

On commence par le choix du châssis selon la station choisie auparavant, Pour la station SIMATIC S300, on aura le châssis « RACK-300 » qui comprend un rail profilé.

Sur ce profilé, l'alimentation préalablement sélectionnée se trouve dans l'emplacement n°1. Parmi celles proposées notre choix s'est porté sur la « PS-307 5A ».

La « CPU 315-2DP » est impérativement mise à l'emplacement n°2.

L'emplacement n°3 est réservé comme adresse logique pour un coupleur dans une configuration multi châssis.

A partir de l'emplacement 4, il est possible de monter au choix jusqu'à 8 modules de signaux (SM), processeurs de communication (CP) ou modules fonctionnels (FM). Après cela il ne nous reste qu'à enregistrer et compiler.

La configuration matérielle étant terminée, un dossier « Programme S7 » est automatiquement inséré dans le projet, comme indiqué dans la figure suivante :

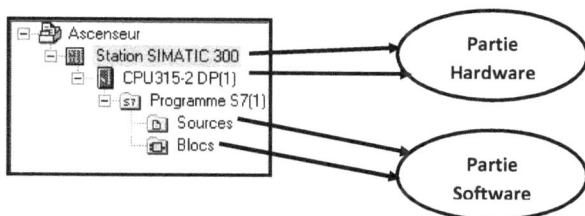

Figure III. 14 : Création du programme S7

3-3- Création de la table des mnémoniques (Partie Software)

Dans tout programme il faut définir la liste des variables qui vont être utilisées lors de notre programmation. Pour cela la table des mnémoniques est créée. L'utilisation des noms appropriés rend le programme plus compréhensible est plus facile à manipuler. Ce type d'adressage est appelé « relatif » (voir **Figure III.15**)

Pour créer cette table, on suit le cheminement suivant :

Insérer nouvel objet ⟹ table des mnémoniques

On édite la table des mnémoniques en respectant notre cahier de charge, pour les entrées et les sorties.

Figure III.15 : Table de mnémonique relative à l'ascenseur

3-4- Elaboration du programme S7 (Partie Software)

Le dossier bloc, cité auparavant, contient les blocs que l'on doit charger dans la CPU pour réaliser la tâche d'automatisation, il englobe :

‒ les blocs de code (OB, FB, SFB, FC, SFC) qui contiennent les programmes,

‒ les blocs de données DB d'instance et DB globaux qui contiennent les paramètres du programme.

3-4-1- Les blocs d'organisation (OB)

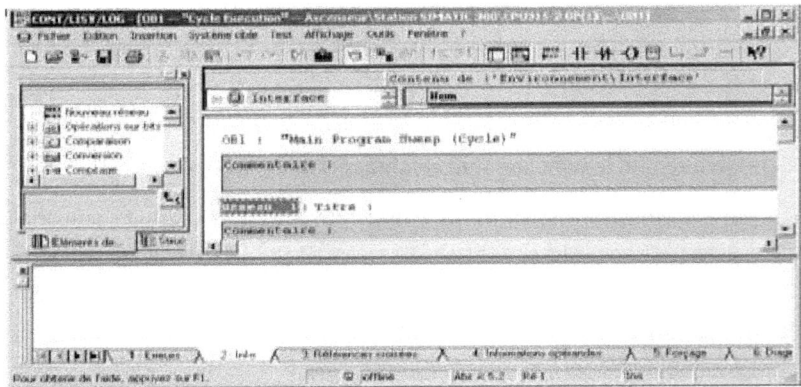

Figure III.16 : Blocs d'organisation

Les OB sont appelés par le système d'exploitation, on distingue plusieurs types :

‒ ceux qui gèrent le traitement de programmes cycliques

‒ ceux qui sont déclenchés par un événement,

‒ ceux qui gèrent le comportement à la mise en route de l'automate programmable

‒ et en fin, ceux qui traitent les erreurs [12].

Le bloc OB1 est généré automatiquement lors de la création d'un projet. C'est le programme cyclique appelé par le système d'exploitation.

3-4-2- Les blocs fonctionnels (FB), (SFB)

Le FB est un sous-programme écrit par l'utilisateur et exécuté par des blocs de code. On lui associe un bloc de données d'instance relatif à sa mémoire et contenant ses paramètres. Les SFB système sont utilisés pour des fonctions spéciales intégrées dans la CPU [12].

3-4-3- Les fonctions (FC), (SFC)

La FC contient des routines pour les fonctions fréquemment utilisées. Elle est sans mémoire et sauvegarde ses variables temporaires dans la pile de données locales. Cependant elle peut faire appel à des blocs de données globaux pour la sauvegarde de ses données [12].

Les SFC sont utilisées pour des fonctions spéciales, intégrées dans la CPU S7, elle est appelée à partir du programme.

Dans notre exemple on a utilisé le FC15, FC16, FC18 pour les routines, et FB17 pour la partie séquentielle. Systématiquement et automatiquement, les SFC correspondantes ont été créés.

3-5- Chargement dans le système cible à partir de la PG/PC

Le chargement du programme dans le système cible se fait sous certaines conditions :

⬇ Une liaison est établie entre la PG et la CPU du système cible (via l'interface MPI ou PROFIBUS).

⬇ L'accès au système cible est possible.

⬇ La compilation du programme à charger doit se faire sans erreur.

⬇ La CPU doit se trouver dans un état de fonctionnement autorisant le chargement (STOP ou RUN-P).

Si la syntaxe est correcte, le bloc est ensuite compilé en code machine, enregistré et chargé par la commande Système cible > Charger, ou en sélectionnant tous les blocs et charger par la fonction de chargement dans la barre d'outils du SIMATIC Manager.

3-6- Surveillance du fonctionnement et diagnostic du matériel

Pour le test du bon fonctionnement du programme, le logiciel optionnel de simulation permet d'exécuter et de tester le programme dans un système d'automatisation qu'on simule dans l'ordinateur ou dans la console de programmation en y accédant par la fonction dans la barre d'outils.

Pour la recherche d'erreurs, des icônes de diagnostic permettent de déceler des défauts sur un module et indiquent l'état de ce dernier. Pour une CPU, par exemple, son état de fonctionnement (RUN, STOP ou RUN-P).

Les icônes de diagnostic s'affichent dans la vue en ligne de la fenêtre du projet, dans la vue rapide (présélection) ou encore dans la vue de diagnostic lors d'un appel de la fonction
"Diagnostic du matériel".

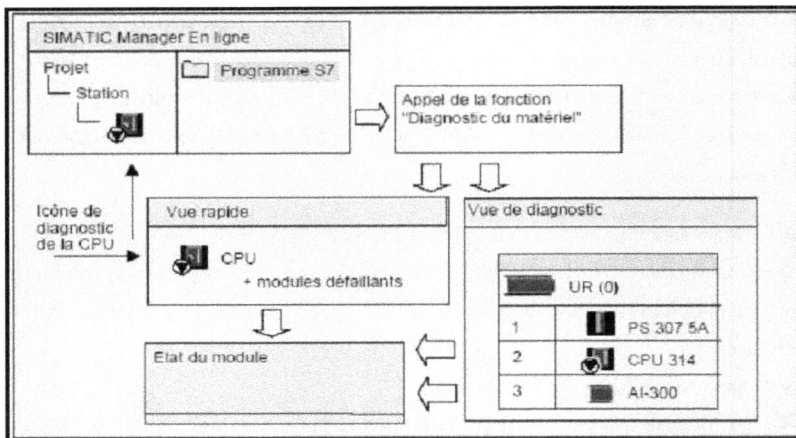

Figure III. 17 : Diagnostique du matériel [16]

4- Intégration STEP7 et AUTOMGEN

4-1- Définition

AUTOMGEN est un logiciel propriétaire édité par la société française IRAI, il peut être utilisé dans un but éducatif, mais aussi dans l'industrie, puisqu'il génère du code binaire adapté à plusieurs automates commerciaux connu, comme SIEMENS et TSX de Schneider.

4-2- Vue générale

AUTOMGEN peut travailler avec plusieurs outils de représentation graphiques, comme les logigrammes, ladder…etc, et bien sûr le GRAFCET, outil avec lequel on va travailler pour réaliser l'exemple de l'ascenseur.

4-3- L'explorateur de projets

L'explorateur de projets permet de manipuler un projet ouvert. Ses sous-menus sont les suivants :

+ **Folios :** permet de créer, supprimer ou modifier un ou plusieurs Folios. Un folio est un conteneur qui peut comprendre un ou plusieurs GRAFCET. Cette notion de folio a été introduite dans ce logiciel pour faciliter la gestion et la maintenance d'un projet. Les folios peuvent être assimilés aux fichiers dll, dans la terminologie de la programmation Windows.

+ **Symboles :** ce sous-menu permet de créer, importer ou exporter une table de symboles. Un table de symbole est un tableau qui contient toutes les variables utilisés dans un projet. Il n'est pas obligatoire de déclarer un table de symbole, mais il est préférable de le faire, car sans elle, la maintenance du projet deviendra chaotique.

+ **Configuration :** ceci permet de configurer les options du compilateur, ainsi que le code généré pour chaque type d'automate.

+ **Documentation :** permet d'accéder à la fonction d'impression de dossier (double clic sur l'élément «Impression»). Il permet d'imprimer un dossier complet composé d'une page de garde, de la table de références croisées, de la liste des symboles et des folios. La fonction d'aperçu avant impression permet de visualiser l'ensemble de ces éléments.

+ **Fichiers générés :** permet de voir le code généré par le compilateur.

+ **Mise au point :** regroupe des outils permettant la visualisation et la modification de l'état des variables.

+ **Iris :** permet de créer des objets 2D ou 3D de supervision et de simulation.

+ **Ressources :** contient les éléments graphiques 2D ou 3D utilisés par Iris.

+ **Modules externes :** Ces éléments sont réservés à des modules exécutables développés par des tiers et interfacés avec AUTOMGEN [15].

4-4- Création d'un projet AUTOMGEN

L'objectif est de réaliser un ascenseur virtuel sous un pupitre IRIS 3D en utilisant des fichiers SOLIDWORKS. Ensuite d'animer l'ascenseur grâce à un pilotage numérique et d'observer le déplacement de la cabine par transparence. On placera également les boutons d'appels cabine sous IRIS 3D.

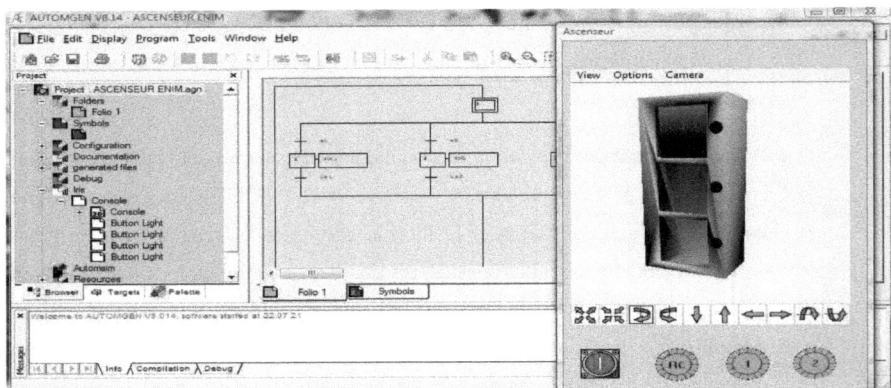

4-5- Procédure d'intégration AUTOMGEN et S7-300

4-5-1- Post-processeur S7-300

Ce pot-processeur permet de programmer les automates SIEMENS S7300.

⁃ Module de communication

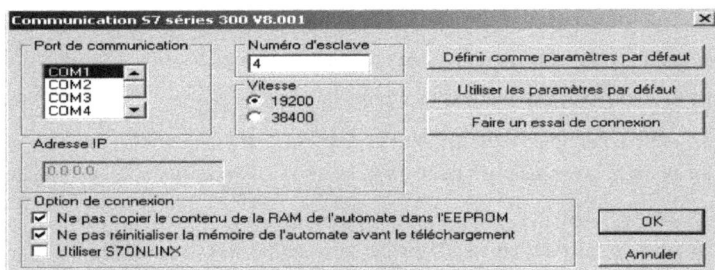

Figure III.18 : Paramétrage du module de communication

Le numéro d'esclave doit être en accord avec celui paramétré dans l'automate.

4-5-2- Importation dans le logiciel SIMATIC de siemens

Pour importer le code généré par AUTOMGEN dans le logiciel SIMATIC de SIEMENS, on suit la procédure suivante :

⁃ Dans la partie « Système » de la configuration du post-processeur S7300, sélectionner SIMATIC dans l'élément suivant

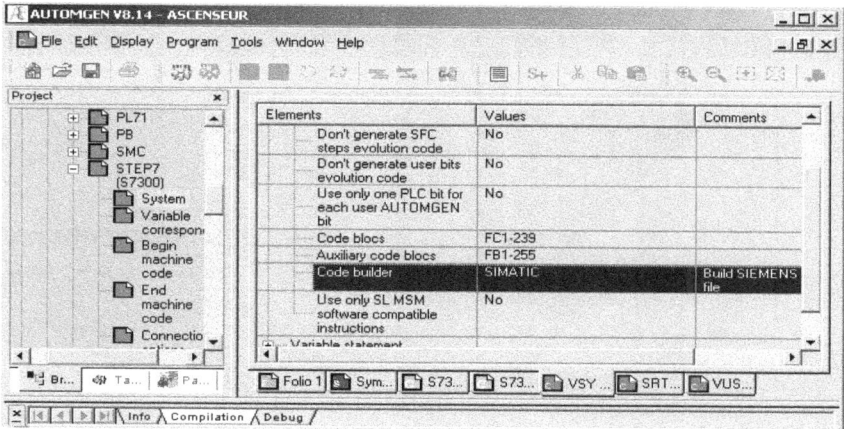

- Compiler l'application,
- Dans AUTOMGEN, ouvrir l'élément « Code généré / Post-processeur S7300 / Passe 2 », sélectionner l'ensemble des lignes puis la commande « Copier » dans le menu « Edition ».

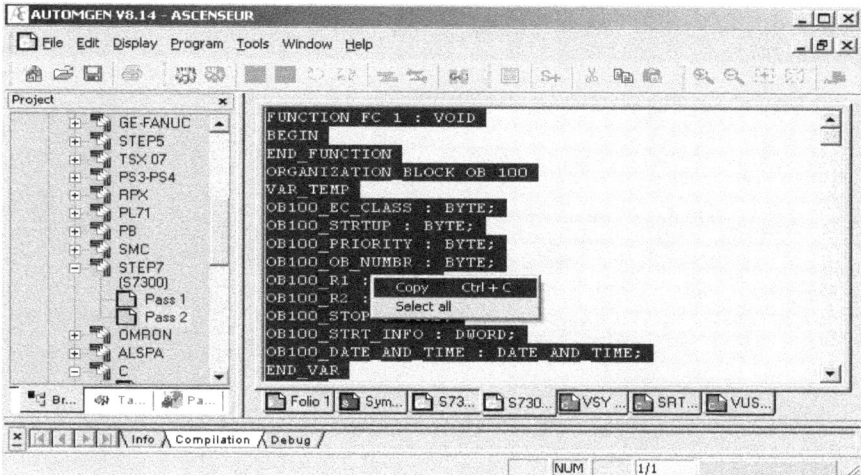

- Dans le logiciel SIMATIC, créer un élément de type « Source LIST ».

64

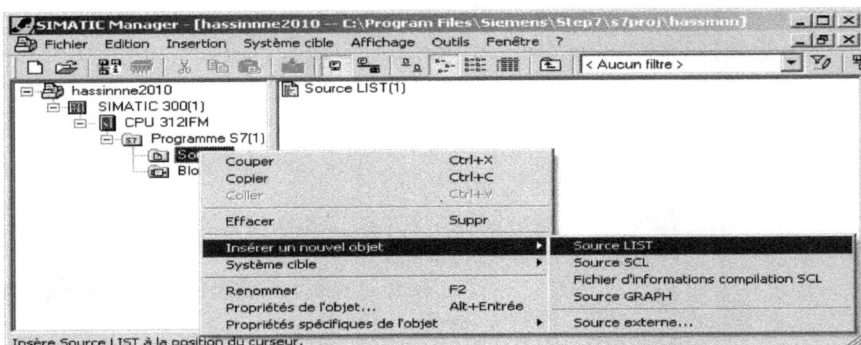

⬇ Dans SIMATIC, coller le code dans la fenêtre contenant le source LIST avec la commande « Coller » du menu « Edition »,

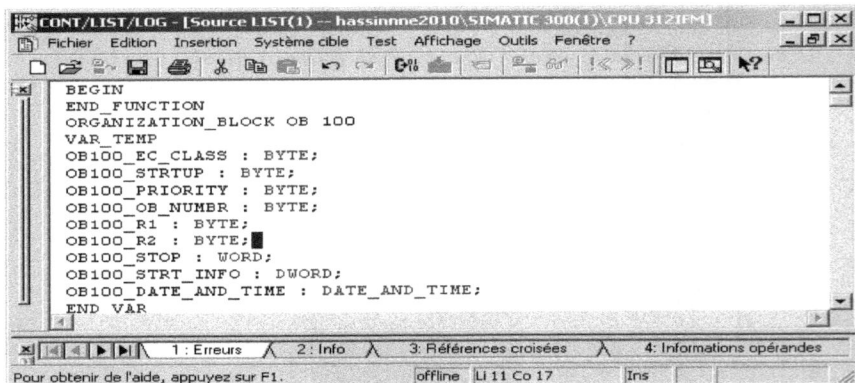

⬇ Dans SIMATIC, compiler le source en cliquant sur [⬛]. L'importation est alors terminée.

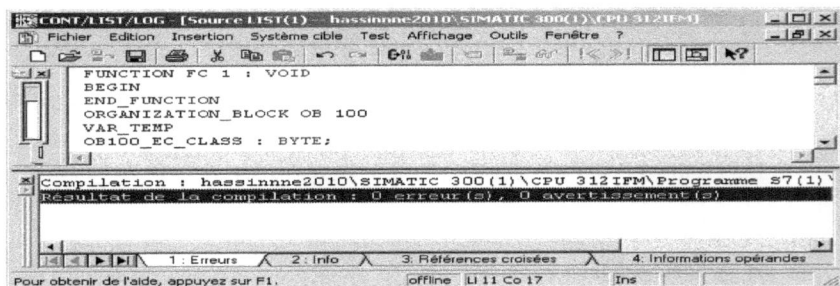

5- Conclusion

Nous voulons dans ce chapitre, présenté les caractéristiques, composantes et environnement des API ''SIEMENS'', parce que, cette dernière est l'automate le plus utilisé dans l'industrie du faite de la facilité de sa manipulation et la programmation de ses composantes. Pour cette raison on a présenté un ''maquette didactique '' ascenseur, un exemple qu'on va procéder à sa simulation.

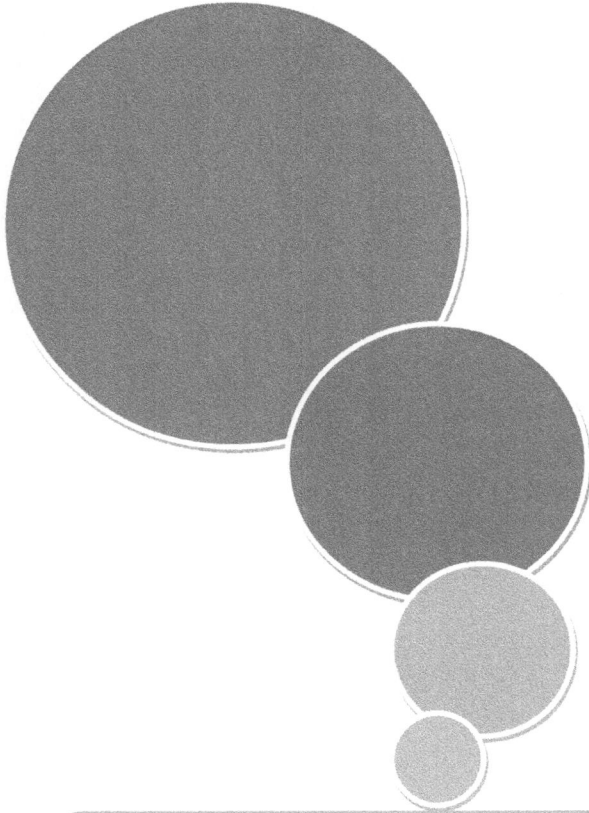

CONCLUSION ET PERSPECTIVES

CONCLUSION ET PERSPECTIVES

La fonction d'un ingénieur doit être l'optimisation de technique permettant d'aboutir à l'objectif avec simplicité et performance.

Dans ce projet Notre contribution s'est portée sur :

- La réalisation d'un API compact '' PLC ENIM 2010''
- Elaboration d'une maquette didactique '' Ascenseur''
- Création du programme et supervision virtuelle en optimisant la simplicité de compréhension et la précision du résultat.

Lors de ce projet, nous avons achevé la réalisation d'un outil simple et à coût raisonnable, que nous pouvons la reproduire d'une façon illimité pour la réalisation des travaux pratiques.

Comme perspective, nous visons a continué à améliorer le produit ''PLC ENIM 2010'' en tenant compte de son efficacité et son efficience.

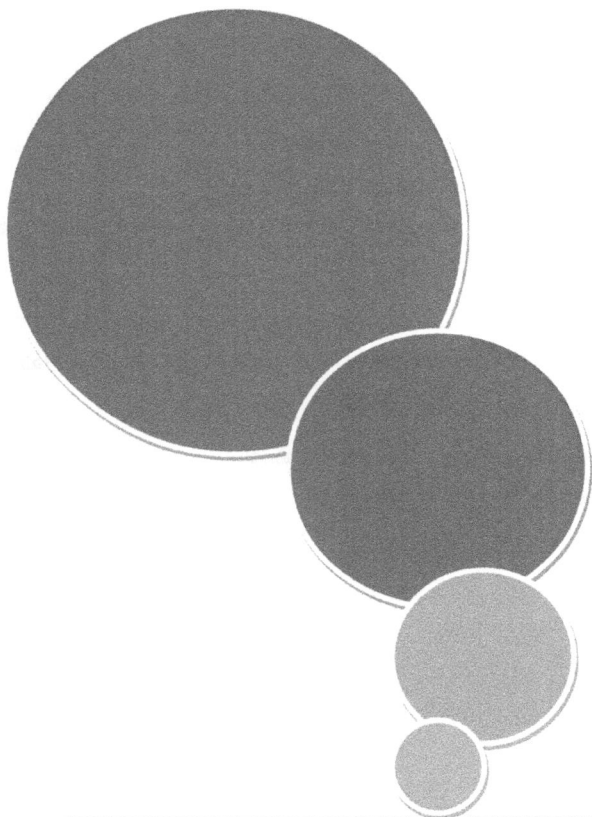

BIBLIOGRAPHIE

Bibliographie

[1] G. MICHEL, « Les A.P.I Architecture et application des automates programmables industriels », Edition DUNOD, PARIS, 1987

[2] P.JARGOT, « Langages de programmation pour API. Norme IEC 1131-3 », Techniques de l'ingénieur, Vol. S 8 030, 1998.

[3] A. Capliez, « Mémotech Maintenance industrielle », Edition CASTEILLA, PARIS, 1995

[4] J.-C. Orsini, « Cahier Technique n° 197, Bus de terrain : une approche utilisateur », Collection technique, Edition Schneider Electric, GRENOBLE, 2000.

Manuels :

[5] MICROCHIP , « Data Sheet, PIC 16F87 / 16F88 »

[6] MICROCHIP , « Data Sheet, PIC18F2420/2520/4420/4520 »

[7] MICROCHIP , « Data Sheet, dsPIC30F»

[8] MICROCHIP , « Data Sheet, PIC 16F873 / 16F876 »

[9] MICROCHIP , « Data Sheet, PIC 16F874 / 16F877 »

[10] SIEMENS, «STEP 7, Régulation PID», SIMATIC, 2000.

[11] SIEMENS, «S7PLCSIM, Testez vos programmes», SIMATIC, 2002.

[12] SIEMENS, «Programmation avec STEP 7 », SIMATIC, 2000.

[13] SIEMENS, «Appareils de terrain pour l'automatisation des processus», SITRANS, 2005.

Site internet :

[14] www.siemens.com

[15] www.irai.com (site officiel de logiciel AUTOMGEN)

[16] http://www.cq.cx/ladder.pl

www.ingramcontent.com/pod-product-compliance
Lightning Source LLC
Chambersburg PA
CBHW021606210326
41599CB00010B/628